Bamberger Matrix
Ein kleines Buch über Dreiecke

von Ewald Bamberger

Bibliografische Information der Deutschen Nationalbibliothek: Die Deutsche Nationalbibliothek verzeichnet diese Publikation in der Deutschen Nationalbibliografie; detaillierte bibliografische Daten sind im Internet über http://dnb.dnb.de abrufbar.

© 2017 Ewald Bamberger

Herstellung und Verlag:
BoD – Books on Demand, Norderstedt

ISBN: 978-3743177185

Inhaltsverzeichnis

Prolog	07
Polygonzüge	08
Dreiecke	10
Algebra I	15
Strahlensätze	22
Transversalen I	23
Mittendreiecke	25
Transversalen II	26
Eulersche Gerade	33
Winkel	34
Kongruenz	36
Konstruktionen	37
Symmetrie	42
Satz des Thales	42
Flächeninhalte I	45
Algebra II	48
Satz des Pythagoras	54
Bamberger Matrix	63
Pythagoreische Zahlentripel	71
Trigonometrie	88
Flächeninhalte II	99
Epilog	102

Prolog

Dieses Buch handelt von Dreiecken. Wir werden uns Schritt für Schritt deren Eigenschaften erarbeiten. Ja, Arbeit wird es schon sein. Aber wir lernen die Dreiecke und deren Eigenschaften nach und nach kennen. Du wirst sehen, so anstrengend wird es nicht.

Eine jede Seite des Buches bildet für sich eine Einheit. Alle Seiten des Buches aber bilden gemeinsam ebenso eine Einheit. Eine jede Seite des Buches erhält eine Überschrift. Die Überschriften sagen dir, worum es auf der jeweiligen Seite geht.

Es genügt, wenn du täglich eine Seite aufmerksam liest. Du solltest sie freilich nicht so lesen, wie du einen Roman zu lesen pflegst. Die Aussagen und Gleichungen musst du schon auch bedenken und dir einprägen. Dies meinte ich mit Arbeit.

Ich hoffe, es wird dir auch Freude bereiten, dieses Buch zu lesen. Nachdem du es gelesen hast, wirst du vermutlich einiges gelernt und verstanden haben. Ich werde dich nicht prüfen, dir also auch keine Note geben. Aber du kannst für dich selbst wahrnehmen, wo du Fortschritte gemacht hast. Freude am Lernen und Verstehen - darum geht's.

Der Name dieses Buches – Bamberger Matrix – kommt übrigens daher, weil ich in Hinblick auf die Satzgruppe des Pythagoras, die sich auf rechtwinklige Dreiecke bezieht, alle relevanten Werte in einer Matrix notiere, wodurch sich die Rechnungen vereinfachen.

Polygonzüge I

Die erste Seite ist mit dem Begriff Polygonzüge überschrieben. Was ist ein Polygonzug, wirst du dich fragen. Nun, Dreiecke sind Polygonzüge, genauer geschlossene Polygonzüge, bestehend aus drei Strecken, die wir dann die Seiten des Dreiecks nennen. Eine Strecke ist eine gerade Linie, die zwei Punkte miteinander verbindet. Werden drei Punkte einer Ebene, die nicht auf einer einzigen Geraden liegen, durch solche Streckenlinien miteinander verbunden, entsteht ein Dreieck, ein geschlossener Polygonzug mit drei Seiten und drei Eckpunkten, den Ecken des Dreiecks.

Ein Polygonzug besteht aus einzelnen Strecken, die der Reihe nach aneinandergefügt sind. So ähnlich, wie Perlen auf einer Schnur aufgereiht werden und eine Kette bilden oder Waggons aneinander hängen und einen Zug bilden, bilden auch die Strecken so etwas wie eine Kette, einen Streckenzug. Es können auch mehr als drei Strecken sein, die den Polygonzug bilden. Da wir aber in diesem Buch die Dreiecke behandeln, betrachten wir also solche Züge, die aus drei Strecken bestehen und geschlossen sind. Sie sind geschlossen, weil der Anfangspunkt des Zugs mit dem Endpunkt des Zugs übereinstimmt.

Das war's erst mal für heute. Es freut mich, dass du nun begonnen hast, dieses Buch zu lesen. Falls du etwas noch nicht ganz verstanden hast, liest du diese Seite am besten noch einmal. Das, was ich hier nur mit Worten beschrieben habe, wird an den nächsten Tagen noch deutlicher werden, wenn wir uns anhand einiger Zeichnungen Polygonzüge und die unterschiedlichen Arten von Dreiecken veranschaulichen werden. Also dann, bis morgen.

Polygonzüge II

Hier siehst du einen offenen Polygonzug der Länge 3. 3 Strecken wurden aneinandergefügt. Anfangspunkt und Endpunkt stimmen nicht überein.

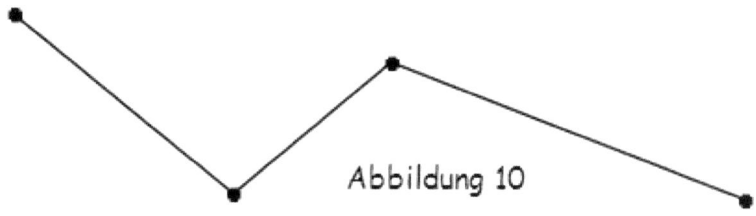
Abbildung 10

Nun folgen geschlossene Polygonzüge der Länge 5 und 7. Anfangspunkt und Endpunkt stimmen überein.

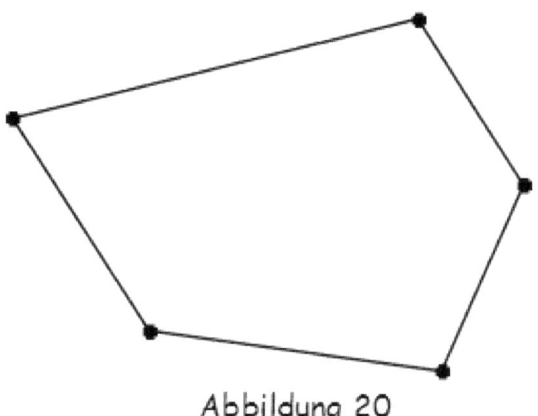
Abbildung 20

Der Polygonzug in Abbildung 20 ist konvex. Alle Innenwinkel sind kleiner als 180°.

Polygonzüge III

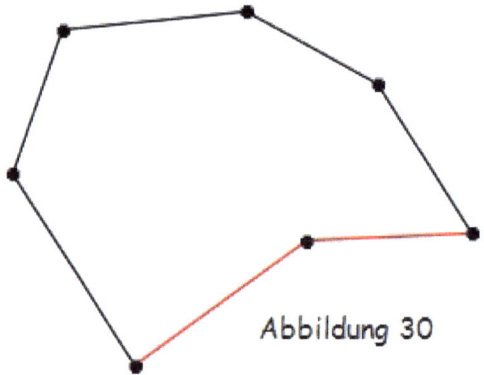

Abbildung 30

Der Polygonzug in Abbildung 30 ist konkav. Einer der Innenwinkel ist größer als 180°.

Dreiecke - geschlossene Polygonzüge der Länge 3

Man könnte durchaus auch dann von einem Polygonzug sprechen, wenn die einzelnen Strecken, die den Zug bilden, nicht alle in derselben Ebene liegen. Einen solchen Polygonzug könnte man dann z.B. nicht auf ein Blatt Papier aufzeichnen, das vor uns auf der Tischplatte liegt, weil ja mindestens eine der Strecken quasi nach unten im Tisch verschwinden oder nach oben in die Luft zeigen würde. Nein, wir beschäftigen uns in diesem Buch nur mit solchen Polygonzügen, die ganz in einer Ebene liegen, zumal Dreiecke als Polygonzüge ohnehin immer ganz in einer Ebene liegen. Eine solche Ebene kann z.B. eben das Blatt Papier sein, das auf der Tischplatte liegt und auf das du das Dreieck aufzeichnen kannst.

Erläuterungen zu den Bezeichnungen am Dreieck

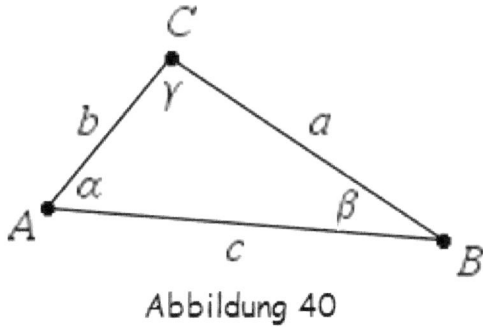

Abbildung 40

Die Ecken eines Dreiecks werden gewöhnlich mit den lateinischen Großbuchstaben *A*, *B* und *C* bezeichnet und zwar in positiver Richtung gegen den Lauf der Uhr.

Die Seiten eines Dreiecks werden gewöhnlich mit den lateinischen Kleinbuchstaben *a*, *b* und *c* bezeichnet und zwar in positiver Richtung gegen den Lauf der Uhr.
Dabei liegt Seite *a* der Ecke *A*, Seite *b* der Ecke *B* und Seite *c* der Ecke *C* gegenüber.

Die Winkel eines Dreiecks werden gewöhnlich mit den griechischen Kleinbuchstaben *α*, *β* und *γ* bezeichnet und zwar in positiver Richtung gegen den Lauf der Uhr.
Dabei liegt Winkel *α* der Seite *a*, Winkel *β* der Seite *b* und Winkel *γ* der Seite *c* gegenüber.

Die Namen der griechischen Buchstaben lauten Alpha (*α*), Beta (*β*) und Gamma (*γ*).

Eigenschaften von Seiten und Winkeln

Für alle Dreiecke gilt, dass die Summe zweier Seiten stets größer ist als die dritte Seite.

a + b > c und a + c > b und b + c > a

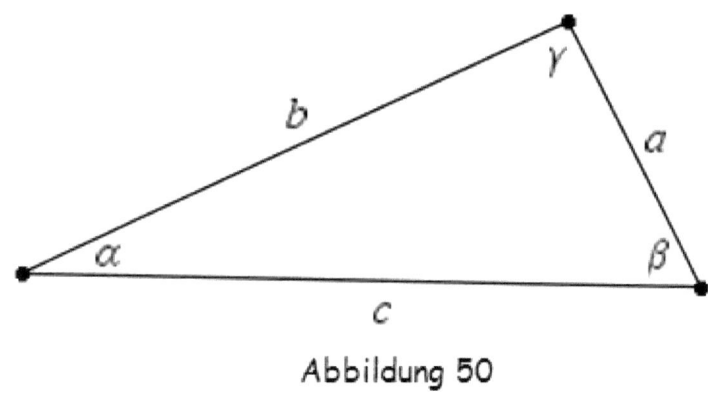

Abbildung 50

Der längsten Seite liegt der größte Winkel, der kürzesten Seite liegt der kleinste Winkel gegenüber.

$$a \leq b \leq c \Leftrightarrow \alpha \leq \beta \leq \gamma$$

Dreiecksarten I

Nun gebe ich dir einen kurzen Überblick über die verschiedenen Arten von Dreiecken.

Es gibt **unregelmäßige** Dreiecke, deren Seiten jeweils unterschiedlich lang und deren Winkel jeweils unterschiedlich groß sind. Ein solches Dreieck kannst du in Abbildung 50 bewundern.

Dreiecksarten II

Daneben gibt es sogenannte **gleichschenklige** Dreiecke, bei denen zumindest zwei Seiten die gleiche Länge und zwei Winkel die gleiche Größe haben.

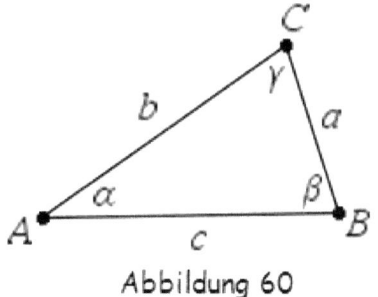

In diesem Dreieck haben die Seiten b und c die gleiche Länge.
Die beiden Winkel β und γ haben die gleiche Größe.

Abbildung 60

Bei den **gleichseitigen** Dreiecken sind sogar alle drei Seiten gleich lang und alle drei Winkel stimmen in ihrer Größe überein.

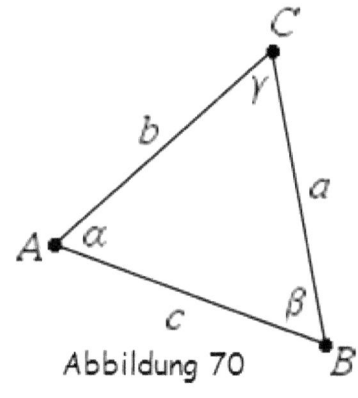

In diesem Dreieck haben die Seiten a, b und c die gleiche Länge.
Die Winkel α, β und γ haben die gleiche Größe.

Abbildung 70

Dreiecksarten III

Spitzwinklige Dreiecke haben ausschließlich spitze Winkel, also solche Winkel, die kleiner sind als 90°. Das gleichseitige Dreieck in Abbildung 70 ist auch ein spitzwinkliges Dreieck.

Rechtwinklige Dreiecke haben zwei spitze Winkel und einen rechten Winkel, dessen Größe 90° beträgt.

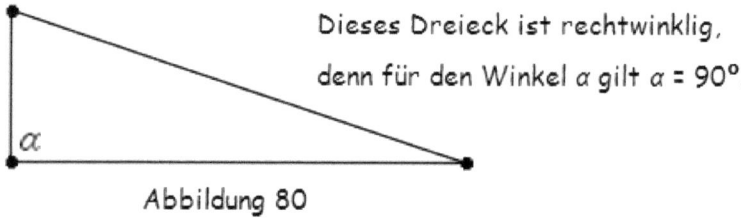

Dieses Dreieck ist rechtwinklig, denn für den Winkel α gilt α = 90°.

Abbildung 80

Die beiden den rechten Winkel bildenden Seiten werden **Katheten** genannt. Die dem rechten Winkel gegenüberliegende Seite wird **Hypotenuse** genannt. Immer ist die Hypotenuse die längste Seite des rechtwinkligen Dreiecks, da sie dem größten Winkel des Dreiecks gegenüberliegt.

Stumpfwinklige Dreiecke haben zwei spitze Winkel und einen stumpfen Winkel, also einen Winkel, der größer ist als 90°. Beispiele für stumpfwinklige Dreiecke findest du in den Abbildungen 40 und 50, denn für den Winkel γ gilt dort 90° < γ.

Geometrie und Algebra

Ich muss dir etwas sagen. Nein, keine Angst, so schlimm wird's nicht. Aber ich habe dir bisher verschwiegen, dass wir uns in diesem Buch auch noch einige andere Themen der Mathematik ansehen müssen, da wir z.B. beim Berechnen von Seitenlängen und Winkeln eines Dreiecks einige Kenntnisse benötigen, nicht allein aus der Geometrie, sondern auch aus der Algebra.

Denn wir wollen doch die Dreiecke nicht nur zeichnen, konstruieren, sondern auch mit ihnen rechnen.

Daher benötigen wir einige grundlegende Kenntnisse über Zahlenmengen, über Vorzeichenregeln und Rechenregeln, über Terme, das Lösen von Gleichungen und über Quadratwurzeln.

Ich denke, wir werden diese Themen dann an geeigneter Stelle behandeln, sobald wir sie brauchen. Für den morgigen Tag, vielleicht auch für mehrere Tage, habe ich mir vorgenommen, in der gebotenen Kürze über die wichtigsten Zahlenmengen zu berichten.

Also über die natürlichen Zahlen, die ganzen Zahlen, die rationalen Zahlen und die irrationalen Zahlen. Rationale Zahlen und irrationale Zahlen werden auch reelle Zahlen genannt. Es gibt noch weitere Zahlen, nämlich die komplexen Zahlen. Da wir diese aber in diesem Buch nicht benötigen, werden wir auf sie auch nicht näher eingehen.

Die natürlichen Zahlen

Natürliche Zahlen sind positive ganze Zahlen.

Die Menge der natürlichen Zahlen schreiben wir so:

$\mathbb{N} = \{1, 2, 3, 4, 5, ...\}$

Nehmen wir die Zahl 0 zu dieser Menge hinzu, schreiben wir so:

$\mathbb{N}_0 = \{0, 1, 2, 3, 4, 5, ...\}$

Eine jede natürliche Zahl *n* hat einen sogenannten Nachfolger, die natürliche Zahl *n'* = *n* + 1.

Der Nachfolger der natürlichen Zahl 1 ist die natürliche Zahl 2.

Der Nachfolger der natürlichen Zahl 2 ist die natürliche Zahl 3.

Wir können die natürlichen Zahlen an einem Zahlenstrahl veranschaulichen:

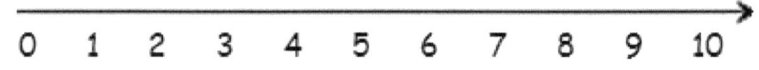

Der Abstand zwischen einer natürlichen Zahl und ihrem Nachfolger beträgt stets **1**. Am Zahlenstrahl notieren wir den Nachfolger einer natürlichen Zahl rechts neben dieser natürlichen Zahl.

Die ganzen Zahlen

Zu einer jeden natürlichen Zahl n gibt es eine Gegenzahl $-n$. Addieren wir zu einer natürlichen Zahl n ihre Gegenzahl $-n$, erhalten wir als Ergebnis die neutrale Zahl 0 $\Rightarrow n + (-n) = 0$.

Die Menge der ganzen Zahlen, die aus allen positiven und negativen ganzen Zahlen sowie der neutralen Zahl 0 besteht, schreiben wir so:
$\mathbb{Z} = \{..., -3, -2, -1, 0, 1, 2, 3, ...\}$

Die Zahl 0 ist neutral hinsichtlich der Addition ganzer Zahlen, da $z + 0 = z$ für alle $z \in \mathbb{Z}$.

Wir können die ganzen Zahlen an einer Zahlengeraden veranschaulichen:

```
...  -5  -4  -3  -2  -1   0   1   2   3   4   5  ...  →
```

Wir notieren die positiven ganzen Zahlen auf der rechten Seite der neutralen Zahl 0. Wir notieren die negativen ganzen Zahlen auf der linken Seite der neutralen Zahl 0. Eine natürliche Zahl n und ihre Gegenzahl $-n$ haben den gleichen Abstand von der neutralen Zahl 0. Der Abstand zwischen einer ganzen Zahl und ihrem Nachfolger beträgt stets 1. Der Nachfolger der Zahl -4 ist die Zahl -3. Der Nachfolger der Zahl 5 ist die Zahl 6.

Die rationalen Zahlen I

Die Menge der rationalen Zahlen schreiben wir so:

$$\mathbb{Q} = \left\{ \frac{z}{n} \mid z \in \mathbb{Z} \wedge n \in \mathbb{N} \right\}$$

Dies ist die Menge sowohl aller ganzen Zahlen als auch positiven und negativen Bruchzahlen $\frac{z}{n}$, deren Zähler z eine ganze Zahl ist und deren Nenner n eine natürliche Zahl ist.

Zu einer beliebigen rationalen Zahl $\frac{z}{n}$ (mit Ausnahme der neutralen Zahl 0) gibt es eine inverse rationale Zahl $\frac{n}{z}$. Multiplizieren wir $\frac{z}{n}$ mit ihrer inversen Zahl $\frac{n}{z}$, erhalten wir als Ergebnis die neutrale Zahl 1.

$$\Rightarrow \frac{z}{n} \cdot \frac{n}{z} = 1$$

Die Zahl 1 ist neutral hinsichtlich der Multiplikation rationaler Zahlen, da $q \cdot 1 = q$ für alle $q \in \mathbb{Q}$.

Die rationalen Zahlen liegen 'dicht' auf der Zahlengeraden. 'Dicht' bedeutet, dass zwischen zwei verschiedenen rationalen Zahlen stets eine weitere rationale Zahl liegt und somit unendlich viele rationale Zahlen liegen.

Denn für $q_1 < q_2$ gilt $q_1 < \frac{q_1 + q_2}{2} < q_2$ mit $\frac{q_1 + q_2}{2} = q_3 \in \mathbb{Q}$.

Dennoch gibt es (unendlich viele) Punkte auf der Zahlengeraden, denen keine rationale Zahl entspricht.

Die rationalen Zahlen II

Eine jede rationale Zahl $\frac{z}{n}$ kann als Summe von Dezimalbrüchen und somit als Dezimalzahl geschrieben werden. Die Anzahl der Dezimalbrüche, deren Summe der rationalen Zahl entspricht, ist entweder endlich oder unendlich. Entsprechend hat eine rationale Zahl in ihrer Darstellung als Dezimalzahl entweder endlich viele oder aber unendlich viele Ziffern nach dem Komma.

Hat eine rationale Zahl in ihrer Darstellung als Dezimalzahl unendlich viele Ziffern nach dem Komma, so ist diese Darstellung stets periodisch.

Ein Beispiel für eine endliche Zerlegung

Der Bruch $\frac{426}{500}$ kann zunächst mit der Zahl 2 erweitert werden. Werden der Zähler 426 und der Nenner 500 also jeweils mit 2 multipliziert, erhält man den Bruch $\frac{852}{1000}$.

Diesen Bruch zerlegen wir in seine Bestandteile
$\frac{800}{1000} = \frac{8}{10}$ und $\frac{50}{1000} = \frac{5}{100}$ und $\frac{2}{1000}$.

Somit schreiben wir
$\frac{426}{500} = \frac{8}{10} + \frac{5}{100} + \frac{2}{1000} = 0{,}8 + 0{,}05 + 0{,}002 = 0{,}852$.

Die rationalen Zahlen III

Ein Beispiel für eine unendliche Zerlegung

Der Bruch $\frac{13}{90}$ lässt sich nicht so erweitern oder kürzen, so dass der Nenner ausschließlich **eine** Zehnerpotenz (10, 100, 1000, ...) darstellt. Die diesem Bruch entsprechende Dezimalzahl finden wir so:

$$\frac{\mathbf{13}}{\mathbf{90}} = \frac{13}{100} + \frac{13}{90} - \frac{13}{100}$$
$$= \frac{13}{100} + \frac{130}{900} - \frac{117}{900} = \frac{\mathbf{13}}{\mathbf{100}} + \frac{\mathbf{13}}{\mathbf{900}}$$

$$\Rightarrow \frac{\mathbf{13}}{\mathbf{90}} = \frac{13}{100} + \frac{13}{1000} + \frac{13}{900} - \frac{13}{1000}$$
$$= \frac{13}{100} + \frac{13}{1000} + \frac{130}{9000} - \frac{117}{9000} = \frac{\mathbf{13}}{\mathbf{100}} + \frac{\mathbf{13}}{\mathbf{1000}} + \frac{\mathbf{13}}{\mathbf{9000}}$$

Setzen wir dieses Verfahren unendlich oft fort, erhalten wir:

$$\frac{13}{90} = \frac{13}{100} + \frac{13}{1000} + \frac{13}{10000} + \frac{13}{100000} + \cdots$$
$$\Rightarrow \frac{13}{90} = 0{,}13 + 0{,}013 + 0{,}0013 + 0{,}00013 + \cdots$$
$$\Rightarrow \frac{13}{90} = 0{,}1\overline{4}$$

Also entspricht dem Bruch $\frac{13}{90}$ die periodische Dezimalzahl $0{,}1\overline{4}$.

Die reellen Zahlen

Es gibt Punkte auf der Zahlengeraden, denen man keine rationale Zahl zuordnen kann. Diesen Punkten entsprechen solche Dezimalzahlen, die unendlich viele Ziffern nach dem Komma haben, aber keine Periode aufweisen. Solche Dezimalzahlen nennen wir irrationale Zahlen. Die Dezimalzahl 0,101001000100001000001 ... ist z.B. eine irrationale Zahl. Sie ist unendlich, aber nicht periodisch.

Eine irrationale Zahl ist nicht durch einen Bruch $\frac{z}{n}$ darstellbar. So ist z.B. die Gleichung $\sqrt{2} = \frac{z}{n}$ nicht lösbar. Es gibt gute Näherungen, etwa $\frac{51}{36}$, doch ist dieser Bruch geringfügig größer als $\sqrt{2}$.

Allgemein kann man sagen, dass Wurzeln aus natürlichen Zahlen entweder wieder natürlich sind, so z.B. $\sqrt{49} = 7$. Oder aber sie sind irrational, wie eben z.B. $\sqrt{2}$. Irrational ist auch die Kreiszahl π (Pi). Deren Darstellung als Dezimalzahl beginnt mit folgender Ziffernfolge: π = 3,1415926535 ...

Fassen wir nun alle Zahlen, die natürlichen Zahlen, die ganzen Zahlen, die rationalen Zahlen und die irrationalen Zahlen zusammen in eine Menge, so erhalten wir die Zahlenmenge $\mathbb{R}$ der reellen Zahlen. Eine jede natürliche Zahl ist auch eine ganze Zahl. Eine jede ganze Zahl ist auch eine rationale Zahl. Eine jede rationale Zahl ist auch eine reelle Zahl.

Eine Strahlensatzfigur

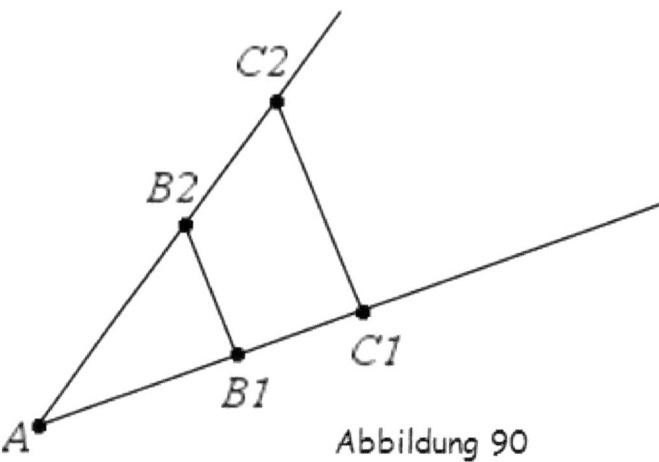

Abbildung 90

In dieser Strahlensatzfigur siehst du zwei Strahlen, also zwei Halbgeraden, die von Punkt *A* ausgehen.
Die beiden Strecken $\overline{B_1 B_2}$ und $\overline{C_1 C_2}$ verlaufen parallel.

Strahlensätze

Bezogen auf die Strahlensatzfigur (Abbildung 90) gelten folgende Sätze. Die Schreibweise $\overline{AB_1}$ meint die Strecke, die die Punkte *A* und B_1 miteinander verbindet. Der Begriff 'Verhältnis' meint eine Bruchzahl. Ein 'Abschnitt' auf einem Strahl (Halbgerade) ist eine Strecke auf diesem Strahl.

Ich werde aber in diesem Buch Strecken nicht immer in der Weise $\overline{AB}$ schreiben, sondern, wenn keine Verwechslungsgefahr mit einer Gerade *AB* besteht, auch einfach eben *AB* für eine Strecke verwenden, die die Punkte *A* und *B* verbindet.

Strahlensatz 1

Die Verhältnisse entsprechender Strahlenabschnitte sind gleich.

$$\frac{\overline{AB_1}}{\overline{AC_1}} = \frac{\overline{AB_2}}{\overline{AC_2}} \text{ und } \frac{\overline{AB_1}}{\overline{AB_2}} = \frac{\overline{AC_1}}{\overline{AC_2}} \text{ und } \frac{\overline{AB_1}}{\overline{B_1C_1}} = \frac{\overline{AB_2}}{\overline{B_2C_2}} \text{ und } \frac{\overline{AB_1}}{\overline{AB_2}} = \frac{\overline{B_1C_1}}{\overline{B_2C_2}}$$

Für den Strahlensatz 1 gilt auch die Umkehrung. Gilt also eine der obigen Gleichungen, so kann gefolgert werden, dass eine Strahlensatzfigur vorliegt.

Strahlensatz 2

Das Verhältnis der Parallelen entspricht den Verhältnissen zugehöriger Abschnitte auf den Strahlen.

$$\frac{\overline{B_1B_2}}{\overline{C_1C_2}} = \frac{\overline{AB_1}}{\overline{AC_1}} = \frac{\overline{AB_2}}{\overline{AC_2}}$$

Besondere Punkte in Dreiecken I

Es ist recht eigenartig und für mich zumindest höchst überraschend; wenn wir in ein beliebiges Dreieck die Höhen, die Mittelsenkrechten, die Seitenhalbierenden und die Winkelhalbierenden einzeichnen, so schneiden diese **Transversalen** sich jeweils in einem Punkt, ganz exakt, nicht nur so ungefähr. Die 3 Höhen (manchmal auch deren Verlängerungen) treffen sich in einem Schnittpunkt **H**. Die 3 Mittelsenkrechten treffen sich in einem Schnittpunkt **M**. Die 3 Seitenhalbierenden treffen sich in einem Schnittpunkt **S**, dem Schwerpunkt des Dreiecks. Die 3 Winkelhalbierenden treffen sich in einem Schnittpunkt **W**. Weitere Eigenschaften kommen hinzu.

Besondere Punkte in Dreiecken II

Jener Punkt **M** ist der Mittelpunkt des sogenannten Umkreises des Dreiecks, jener Kreislinie also, auf der alle Ecken des Dreiecks liegen. Der Schwerpunkt **S** teilt die Seitenhalbierenden jeweils im Verhältnis 2 zu 1. Und jener Punkt **W** ist der Mittelpunkt des sogenannten Inkreises des Dreiecks, jener Kreislinie also, die im Inneren des Dreiecks liegt, so dass die 3 Seiten des Dreiecks den Kreis tangieren. Diese Eigenschaften eines jeden Dreiecks werden wir uns an den folgenden Tagen anhand einiger Zeichnungen verdeutlichen.

Mittelsenkrechten in Dreiecken

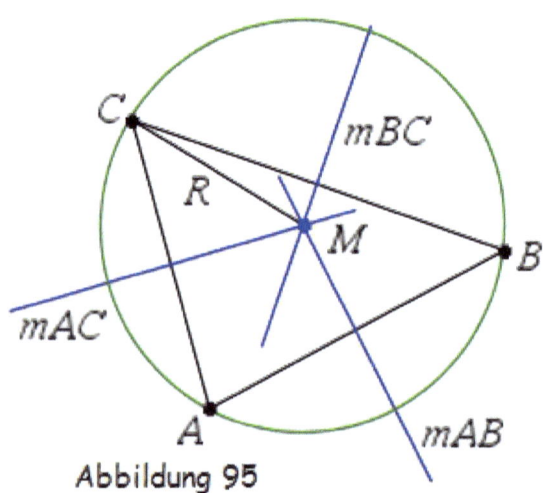

Abbildung 95

Die Mittelsenkrechten der Seiten eines Dreiecks schneiden sich in einem Punkt **M**. **M** ist Mittelpunkt des Umkreises des Dreiecks.
Da **M** auf m_{AB} liegt, gilt $\overline{AM} = \overline{BM} = R$ (Radius des Umkreises).
Da **M** auf m_{BC} liegt, gilt $\overline{BM} = \overline{CM} = R$.
Wegen $\overline{AM} = \overline{CM} = R$ folgt somit auch, dass **M** auf m_{AC} liegt.

Mittendreiecke I

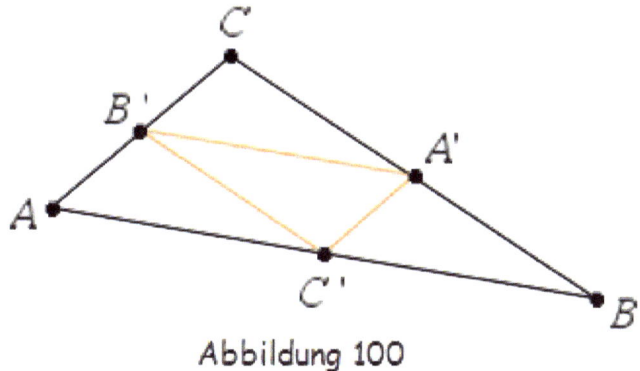

Abbildung 100

Ich habe hier in dem Dreieck **ABC** das Mittendreieck **A'B'C'** eingezeichnet. Die drei Seiten dieses Mittendreiecks **A'B'C'** verbinden die Mittelpunkte der drei Seiten des Dreiecks **ABC** miteinander.

Es wird sich zeigen, dass die Seiten **AB** und **A'B'**, die Seiten **AC** und **A'C'** und die Seiten **BC** und **B'C'** jeweils parallel zueinander verlaufen. Zudem werden wir sehen, dass die Seiten des Dreiecks **ABC** doppelt so lang sind wie die entsprechenden Seiten des Mittendreiecks **A'B'C'**.

Das Mittendreieck ist ein Dreieck inmitten eines anderen Dreiecks. Die Ecken des Mittendreiecks liegen jeweils in der Mitte einer Seite des äußeren Dreiecks.

Mittendreiecke II

Nun möchte ich begründen, weshalb z.B. die Seite **AB** parallel verläuft zur Seite **A'B'** und zudem die doppelte Länge hat.

Die Seiten **AC** und **BC** bilden mit den Strecken **AB** und **A'B'** nach Strahlensatz 1 eine Strahlensatzfigur, weil $\frac{\overline{AC}}{\overline{B'C}} = 2 = \frac{\overline{BC}}{\overline{A'C}}$ gilt. Somit sind **AB** und **A'B'** parallel.

Zudem ist **AB** nach Strahlensatz 2 doppelt so lang wie **A'B'**, da auch **AC** doppelt so lang ist wie **B'C** und **BC** doppelt so lang ist wie **A'C**. Entsprechendes gilt für die anderen Seiten der Dreiecke.

Aufgrund der Parallelität der einander entsprechenden Seiten ist das Mittendreieck **A'B'C'** **ähnlich** zum äußeren Dreieck **ABC**.

Höhen in Dreiecken I

Warum treffen sich in Abbildung 110 (nächste Seite) die Höhen des Dreiecks **A'B'C'** in einem gemeinsamen Punkt **H**?

Wir zeichnen zunächst die Mittelsenkrechten des Dreiecks **ABC** (grün in Abbildung 110). Wir wissen, dass diese sich in einem gemeinsamen Punkt **M** treffen. Auf diesen Mittelsenkrechten des Dreiecks **ABC** liegen aber die Höhen des Dreiecks **A'B'C'**, da die Mittelsenkrechten durch die Punkte **A'**, **B'** und **C'** senkrecht zu den Seiten des Mittendreiecks **A'B'C'** verlaufen.
Somit gilt **M = H**.

Höhen in Dreiecken II

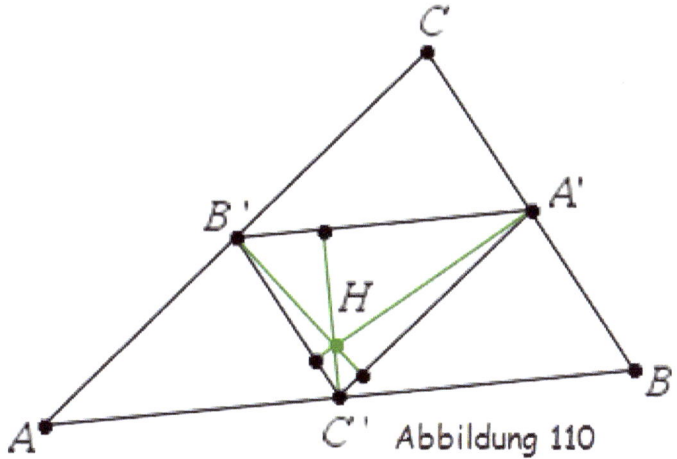

Abbildung 110

Die Höhen des Mittendreiecks **A'B'C'** treffen sich im Schnittpunkt der Mittelsenkrechten des Dreiecks **ABC**.

Seitenhalbierende in Dreiecken I

Befassen wir uns nun mit den Seitenhalbierenden.

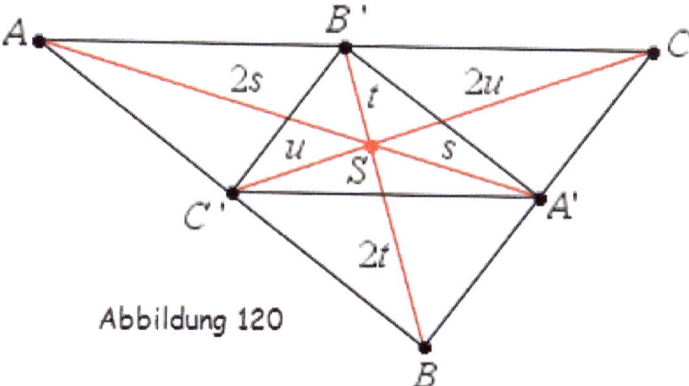

Abbildung 120

Seitenhalbierende in Dreiecken II

Wir müssen zeigen, dass jene sich im Schwerpunkt **S** schneiden und dieser die Seitenhalbierenden im Verhältnis 2 zu 1 teilt. In Abbildung 120 kannst du erkennen, dass z.B. $\overline{AS} = 2s$ gilt, wenn $\overline{A'S} = s$ gilt.

Warum treffen sich die Seitenhalbierenden des Dreiecks in Abbildung 120 in einem Punkt?
Und warum teilt dieser Schwerpunkt **S** die Seitenhalbierenden im Verhältnis 2 zu 1?

Die Seitenhalbierenden verbinden jeweils eine Ecke des Dreiecks **ABC** mit der Mitte der gegenüberliegenden Seite, etwa die Ecke **A** mit der gegenüberliegenden Seitenmitte **A'**.

Werden die Seitenmitten **A'**, **B'** und **C'** miteinander verbunden, entsteht im Innern des Dreiecks **ABC** das Mittendreieck **A'B'C'**.
Daher bilden aber **AB**, **A'B'**, **AA'** und **BB'** eine Strahlensatzfigur. Da **AB** doppelt so lang ist wie **A'B'**, muss daher auch **AS** doppelt so lang wie **A'S** sein und muss **BS** doppelt so lang wie **B'S** sein.

Nun bilden aber auch **BC**, **B'C'**, **BB'** und **CC'** eine Strahlensatzfigur. Entsprechend ergibt sich, dass wieder **BS** doppelt so lang wie **B'S** ist und **CS** doppelt so lang wie **C'S** ist.
Somit muss der Schnittpunkt der Strecken **AA'** und **BB'** identisch sein mit dem Schnittpunkt der Strecken **BB'** und **CC'** (wegen **BS** doppelt so lang wie **B'S**).

Seitenhalbierende in Dreiecken III

Der jeweils längere Teil der Seitenhalbierenden verbindet den gemeinsamen Schnittpunkt **S** der Seitenhalbierenden, also den Schwerpunkt des Dreiecks, mit einer Ecke des Dreiecks.

Der jeweils kürzere Teil der Seitenhalbierenden verbindet den gemeinsamen Schnittpunkt S der Seitenhalbierenden, also den Schwerpunkt des Dreiecks, mit einer Ecke des inneren Mittendreiecks.

Winkelhalbierende in Dreiecken

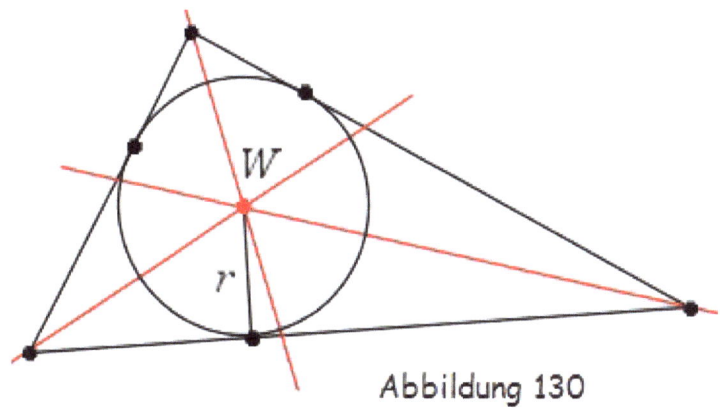

Abbildung 130

Ein Dreieck mit Winkelhalbierenden (rot). Die Winkelhalbierenden treffen sich im Schnittpunkt **W**. **W** ist Mittelpunkt des Inkreises des Dreiecks mit Radius **r**.

Konstruktion von Mittelsenkrechten

Die Konstruktion von Winkelhalbierenden als auch von Mittelsenkrechten haben wir bisher nicht geklärt. Diese sollten wir nun anhand zweier Zeichnungen nachholen und uns so verdeutlichen.

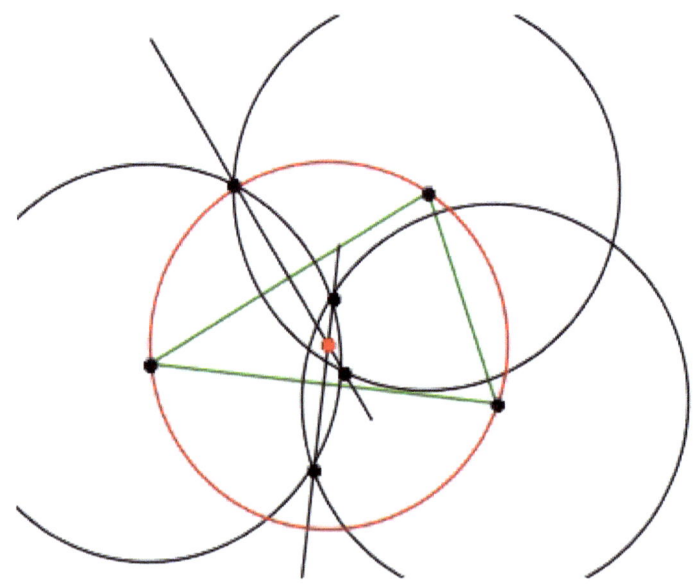

Abbildung 140
Konstruktion zweier Mittelsenkrechten
mit Zirkel und Lineal. Der rote Kreis ist
der Umkreis des grünen Dreiecks.
Der Mittelpunkt M (rot) des Umkreises
ist der Schnittpunkt der Mittelsenkrechten.

Konstruktion von Winkelhalbierenden

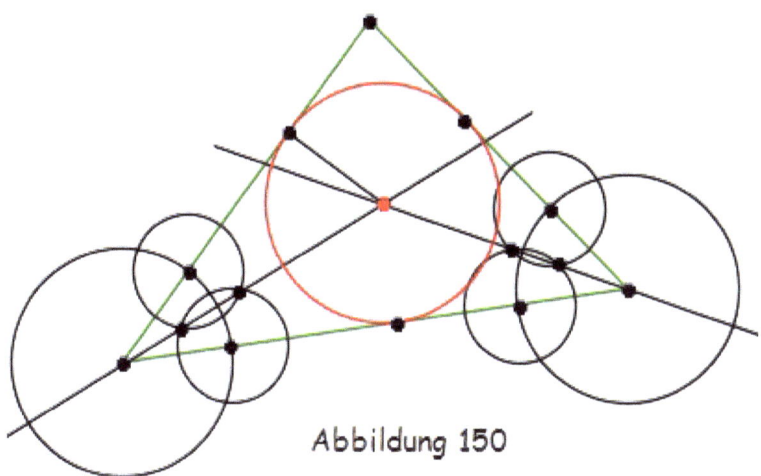

Abbildung 150

Konstruktion zweier Winkelhalbierenden
mit Zirkel und Lineal. Der rote Kreis ist
der Inkreis des grünen Dreiecks.
Der Mittelpunkt *W* (rot) des Inkreises
ist der Schnittpunkt der Winkelhalbierenden.

Mittelsenkrechten und Winkelhalbierende

Für die Mittelsenkrechten in Abbildung 95 und die Winkelhalbierenden in Abbildung 130 ist es recht leicht zu erklären, weshalb diese sich jeweils in einem Punkt treffen.

Die Mittelsenkrechten eines Dreiecks vereinigen als Geraden alle Punkte der Ebene in sich, die jeweils von zwei Ecken des Dreiecks denselben Abstand haben. Treffen sich nun zwei Mittelsenkrechten in einem Punkt *M*, so hat dieser, da er sowohl auf der einen als auch auf der anderen liegt, von allen drei Ecken des Dreiecks, etwa *A* und *B* und *B* und *C*, denselben Abstand.

Folglich muss auch die dritte Mittelsenkrechte des Dreiecks durch *M* verlaufen, da diese alle Punkte der Ebene in sich vereinigt, die von *A* und *C* denselben Abstand besitzen. Somit hat *M* von allen Ecken des Dreiecks denselben Abstand und ist daher der Mittelpunkt des Umkreises dieses Dreiecks.

Die Winkelhalbierenden eines Dreiecks vereinigen als Geraden alle Punkte der Ebene in sich, die jeweils von zwei Seiten des Dreiecks denselben Abstand haben. Treffen sich nun zwei Winkelhalbierende in einem Punkt *W*, so hat dieser, da er sowohl auf der einen als auch auf der anderen liegt, von allen drei Seiten des Dreiecks, etwa *a* und *b* und *b* und *c*, denselben Abstand.

Folglich muss auch die dritte Winkelhalbierende des Dreiecks durch *W* verlaufen, da diese alle Punkte der Ebene in sich vereinigt, die von *a* und *c* denselben Abstand besitzen. Somit hat *W* von allen Seiten des Dreiecks denselben Abstand und ist daher der Mittelpunkt des Inkreises dieses Dreiecks.

Eulersche Gerade

Der Schnittpunkt *H* der Höhen eines Dreiecks und der Schnittpunkt *M* der Mittelsenkrechten eines Dreiecks und der Schnittpunkt *S* der Seitenhalbierenden eines Dreiecks liegen immer auf einer Geraden, der sogenannten *Eulerschen Geraden*.

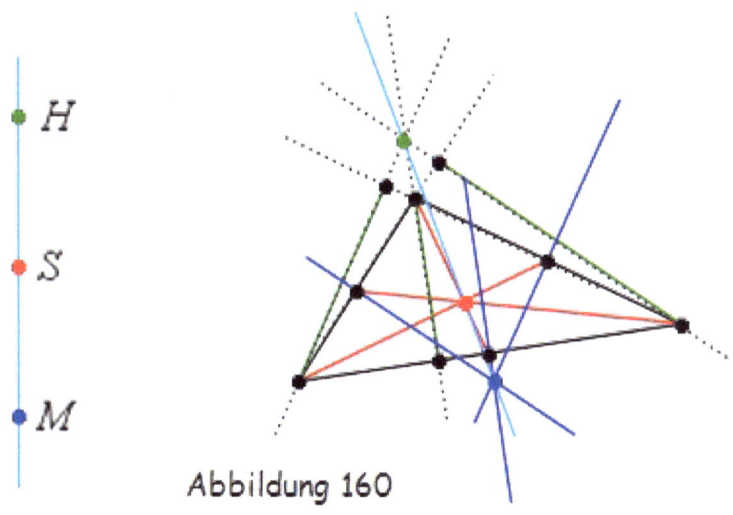

Abbildung 160

Wechselwinkel

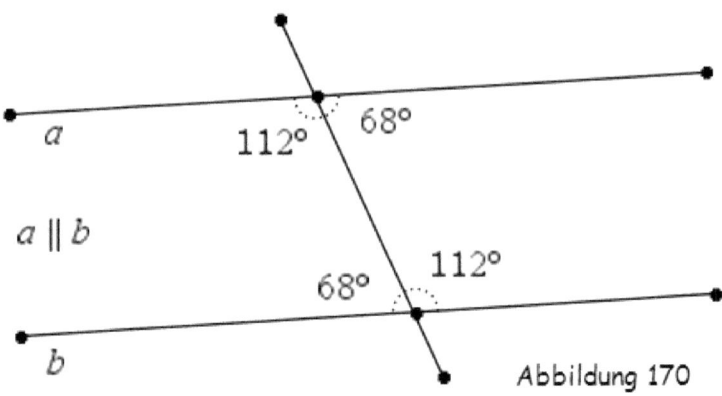

Abbildung 170

Nebenwinkel

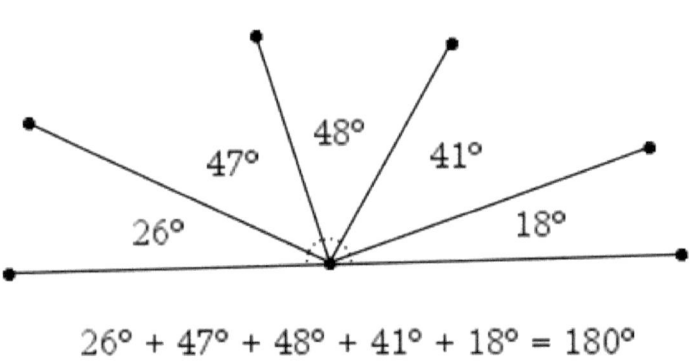

Abbildung 180

Winkelsumme in Dreiecken

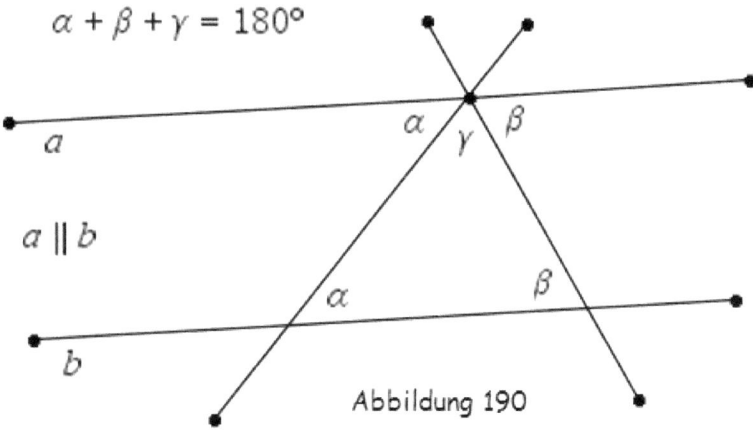

Abbildung 190

Die Innenwinkel α und β finden sich als Wechselwinkel an der oberen Geraden a wieder. An der oberen Geraden a aber sind α, β und γ Nebenwinkel, weshalb sich als Winkelsumme im Dreieck 180° ergibt.

Kongruenz und Ähnlichkeit

Zwei Dreiecke heißen kongruent, wenn sie in ihren Winkeln und Seitenlängen übereinstimmen. Zwei Dreiecke heißen ähnlich, wenn sie in ihren Winkeln übereinstimmen. Ähnliche Dreiecke stimmen in den Verhältnissen einander entsprechender Seiten überein.

Seien $A_1B_1C_1$ und $A_2B_2C_2$ einander ähnliche Dreiecke. Dann gibt es eine Zahl k, so dass gilt:
$a_2 = k \bullet a_1$ und $b_2 = k \bullet b_1$ und $c_2 = k \bullet c_1 \Rightarrow k = \frac{a_2}{a_1} = \frac{b_2}{b_1} = \frac{c_2}{c_1}$

In Abbildung 200 habe ich dir ein Beispiel aufgezeichnet. Bei diesem Beispiel wurde das Dreieck $A_1B_1C_1$ mit dem Faktor $k = 3$ vergrößert, wie du den Längenangaben in der Zeichnung entnehmen kannst. Die Dreiecke $A_1B_1C_1$ und $A_2B_2C_2$ stimmen in den drei Winkeln überein, sie sind einander ähnlich.

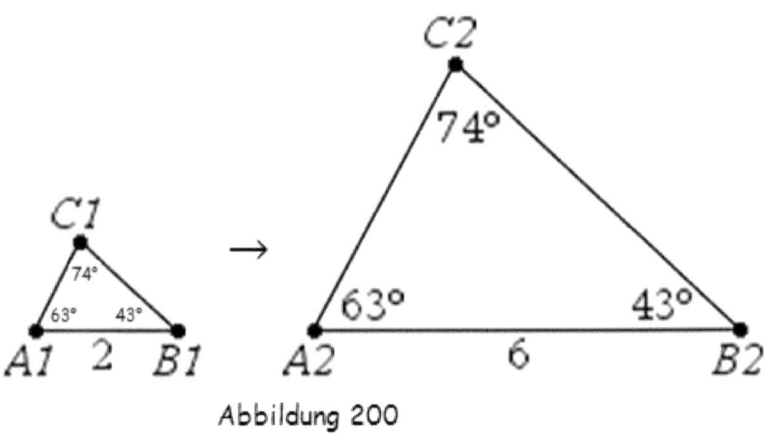

Abbildung 200

Dreieckskonstruktionen mit Zirkel und Geodreieck

Ein Dreieck ist konstruierbar, wenn zumindest drei Angaben vorliegen, die das Dreieck beschreiben. Die vorliegenden Angaben müssen freilich den grundlegenden Eigenschaften der Dreiecke genügen, die wir bereits kennengelernt haben. Liegen etwa die Längen der drei Seiten vor, so muss die Summe der Längen zweier Seiten stets größer sein als die Länge der dritten Seite. Liegen die Größen der drei Winkel vor, so muss die Summe dieser Winkel 180° ergeben.

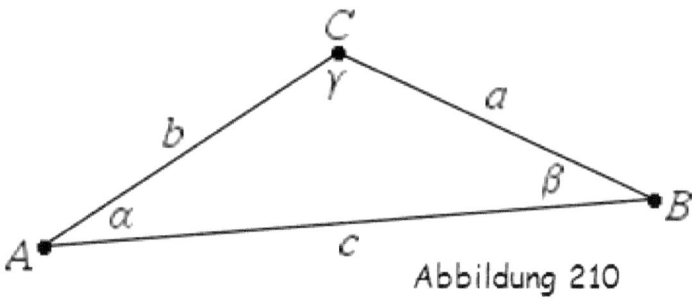

Abbildung 210

Auf den nachfolgenden Seiten lernen wir solche Konstellationen kennen, bei denen die Konstruktion des Dreiecks eindeutig ist. Mit den vorliegenden Angaben lässt sich dann ein und nur ein (ganz bestimmtes) Dreieck konstruieren. Wir werden sehen, wie die Konstruktionen durchgeführt werden können. Dabei werden wir uns eines Zirkels und eines Geodreiecks bedienen. Am Besten stattest du dich schon einmal mit einem Zirkel und einem Geodreieck aus, dann kannst du die Konstruktionen direkt nachvollziehen.

Dreieckskonstruktion nach SSS (Seite Seite Seite)

Die Konstruktion eines Dreiecks ist bei Kenntnis der Längen der **drei Seiten** eindeutig. Es sei a = 7 cm, b = 6 cm, c = 5 cm.

Konstruktionsbeschreibung:

1. Zeichne die Strecke c = **AB** = 5 cm
2. Zeichne einen Kreis k_1 mit dem Mittelpunkt **A** und dem Radius r_1 = b = 6 cm
3. Zeichne einen Kreis k_2 mit dem Mittelpunkt **B** und dem Radius r_2 = a = 7 cm
4. Bezeichne den Schnittpunkt der beiden Kreise oberhalb von c = **AB** mit dem Buchstaben **C**
5. Verbinde **A** mit **C** durch eine Strecke b
6. Verbinde **B** mit **C** durch eine Strecke a

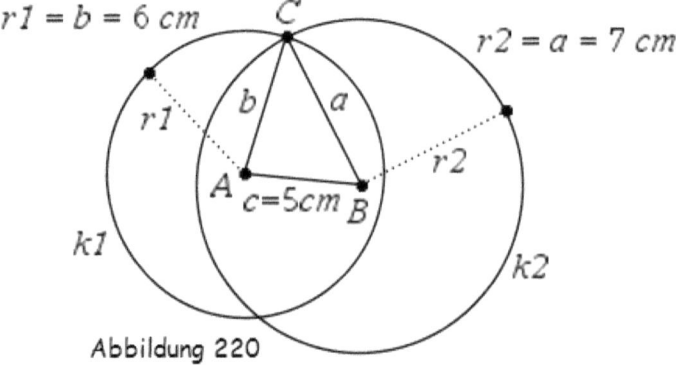

Abbildung 220

Die Zeichnung in Abbildung 220 ist nicht maßstabsgetreu. Aber die Längenverhältnisse entsprechen den Angaben. Wenn du etwa die Längen a und b in der Zeichnung misst, so wirst du feststellen, dass $\frac{a}{b} \approx \frac{7}{6}$ ergibt. Wichtig war hier insbesondere die Konstruktion, diese solltest du verstanden haben.

Dreieckskonstruktion nach SWS (Seite Winkel Seite)

Die Konstruktion eines Dreiecks ist bei Kenntnis der Längen zweier Seiten und der Größe des eingeschlossenen Winkels eindeutig.

Es sei a = 7 cm, c = 8 cm, β = 80°.

Konstruktionsbeschreibung:
1. Zeichne die Strecke c = **AB** = 8 cm
2. Zeichne die Strecke a = **BC** = 7 cm,
sodass a und c einen Winkel β = 80° bilden
3. Verbinde **A** und **C** durch die Strecke b

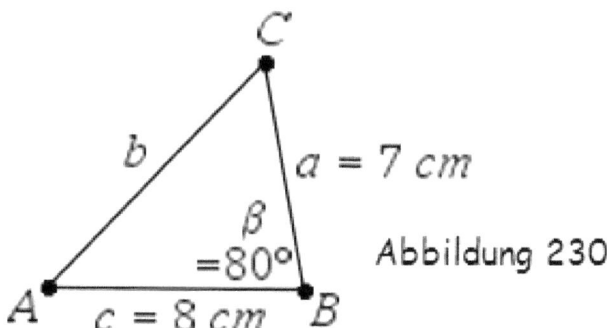

Abbildung 230

Dreieckskonstruktion nach WSW (Winkel Seite Winkel)

Die Konstruktion eines Dreiecks ist bei Kenntnis der Größe zweier Winkel und der Länge der eingeschlossenen Seite eindeutig.

Es sei a = 8 cm, β = 60°, γ = 70°.

Konstruktionsbeschreibung:

1. Zeichne die Strecke a = **BC** = 8 cm
2. Zeichne eine Halbgerade g_1 mit dem Anfangspunkt **B**, sodass a und g_1 einen Winkel β = 60° bilden
3. Zeichne eine Halbgerade g_2 mit dem Anfangspunkt **C**, sodass g_2 und a einen Winkel γ = 70° bilden
4. Bezeichne den Schnittpunkt der beiden Halbgeraden mit dem Buchstaben **A**
5. Bezeichne die Strecke **AB** mit dem Buchstaben **c**
6. Bezeichne die Strecke **AC** mit dem Buchstaben **b**

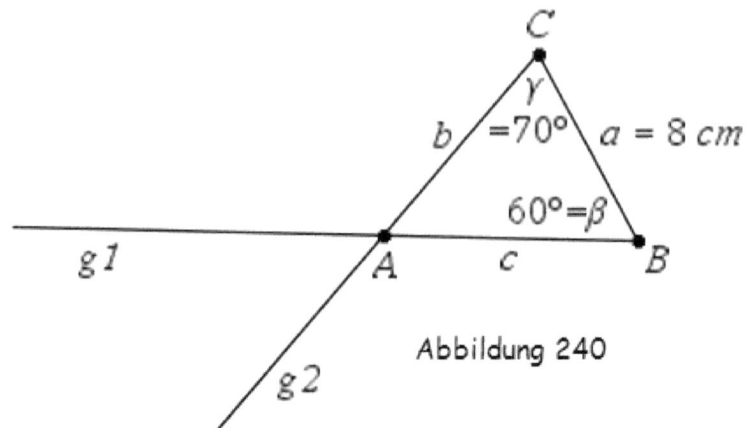

Abbildung 240

Dreieckskonstruktion nach SSW (Seite Seite Winkel)

Die Konstruktion eines Dreiecks ist bei Kenntnis der Länge zweier Seiten und der Größe des der nicht kürzeren Seite gegenüberliegenden Winkels eindeutig.

Es sei *a* = 7 cm, *b* = 5 cm, *α* = 50°. Der Winkel *α* liegt der Seite *a* gegenüber. Diese Seite *a* ist nicht kürzer als die Seite *b*.

Konstruktionsbeschreibung:

1. Zeichne die Strecke *b* = *AC* = 5 cm

2. Zeichne eine Halbgerade *g* mit dem Anfangspunkt *A*,

sodass *g* und *b* einen Winkel *α* = 50° bilden

3. Zeichne einen Kreis *k* mit dem Mittelpunkt *C*

und dem Radius *r* = *a* = 7 cm

4. Bezeichne den Schnittpunkt des Kreises *k* und der Halbgeraden *g* mit dem Buchstaben *B*

5. Bezeichne die Strecke *AB* mit dem Buchstaben *c*

6. Verbinde *B* mit *C* durch die Strecke *a*

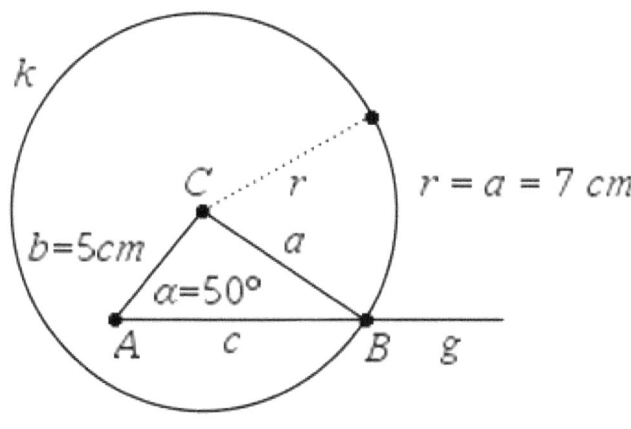

Abbildung 250

Symmetrieachsen gleichschenkliger und gleichseitiger Dreiecke

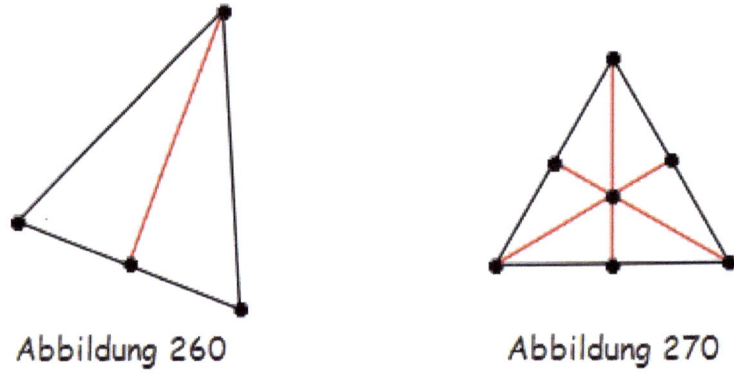

Abbildung 260　　　　　　Abbildung 270

Symmetrieachsen gleichschenkliger und gleichseitiger Dreiecke (Abbildungen 260 und 270) sind sowohl
- *Höhen* und *Mittelsenkrechten* als auch
- *Seitenhalbierende* und *Winkelhalbierende*.

Der Satz des Thales I
Der Satz des Thales besagt, dass ein Dreieck, dessen Grundseite *c* den Durchmesser eines Kreises bildet, genau dann rechtwinklig ist, wenn die der Grundseite *c* gegenüberliegende Ecke *C* auf der Kreislinie liegt.

In den Abbildungen 280 und 290 auf der folgenden Seite habe ich diesen Satz veranschaulicht und bewiesen.

Der Satz des Thales II

Der Beweis benutzt zum einen die Tatsache, dass die Winkelsumme in einem Dreieck immer 180° beträgt, zum anderen greifen wir darauf zurück, dass die Basiswinkel gleichschenkliger Dreiecke die gleiche Größe haben.

In der Beweisfigur sind die Dreiecke **AMC** und **BCM** deshalb gleichschenklig, da in beiden Dreiecken der Radius *r* des Kreises jeweils zwei Seiten bildet.

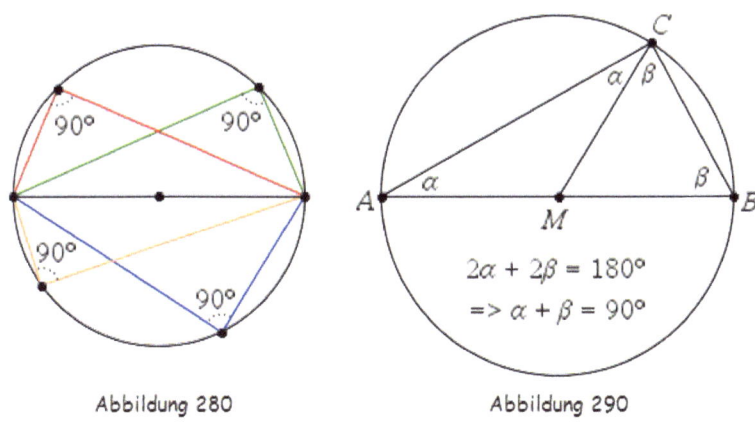

Abbildung 280   Abbildung 290

Das Dreieck **AMC** ist gleichschenklig mit den Basiswinkeln α.
Das Dreieck **BCM** ist gleichschenklig mit den Basiswinkeln β.

Da die Winkelsumme im Dreieck **ABC** 180° beträgt, folgt:
$$2α + 2β = 180° \Rightarrow α + β = 90°$$
α und β bilden aber gemeinsam den Winkel **γ** im Dreieck **ABC**. Folglich ist das Dreieck **ABC** rechtwinklig.

Der Satz des Thales III

In der Abbildung 300 schließlich veranschauliche ich eine einfache Folgerung für den der Grundseite c gegenüberliegenden Winkel y, wenn die Ecke C nicht auf der Kreislinie liegt.

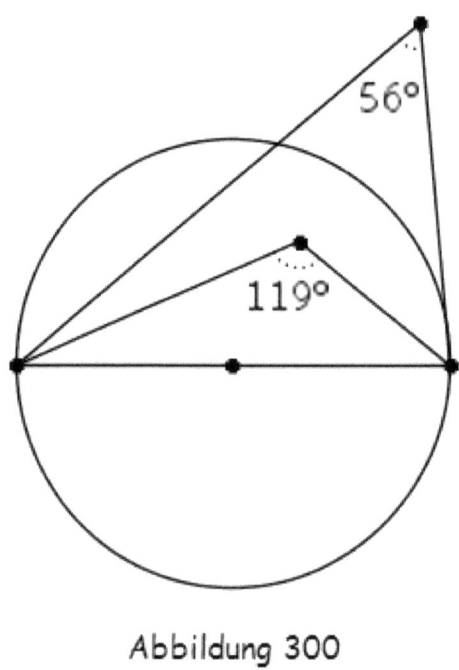

Abbildung 300

Liegt der der Grundseite gegenüberliegende Winkel außerhalb des Thaleskreises, so ist dieser spitz, also kleiner als 90°.

Liegt der der Grundseite gegenüberliegende Winkel innerhalb des Thaleskreises, so ist dieser stumpf, also größer als 90°.

Flächeninhalt eines Dreiecks I

Wir berechnen den Flächeninhalt eines Dreiecks, indem wir eine Seite des Dreiecks mit der zu dieser Seite gehörenden Höhe des Dreiecks multiplizieren und das Ergebnis schließlich durch 2 dividieren.

$$A_D = \frac{a \cdot h_a}{2} = \frac{b \cdot h_b}{2} = \frac{c \cdot h_c}{2}$$

Wie kommen wir zu dieser Formel?

Wir gehen aus von der bekannten und von der Anschauung her einsichtigen Formel für den Flächeninhalt eines Rechtecks:

$$A_R = a \cdot b$$

Aus dieser Formel ergibt sich die Formel für den Flächeninhalt eines Parallelogramms:

$$A_P = a \cdot h_a = b \cdot h_b$$

Von hier gelangen wir zur Formel für den Flächeninhalt des Dreiecks. In Abbildung 310 auf der nächsten Seite habe ich diesen Weg vom Rechteck zum Dreieck nachgezeichnet.

Flächeninhalt eines Dreiecks II

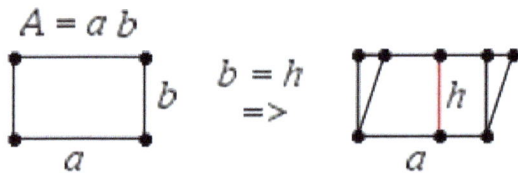

Abbildung 310

Fläche eines Dreiecks nach Heron

Der Flächeninhalt eines Dreiecks kann auch berechnet werden mit der Formel des Heron von Alexandria.

$$A = \sqrt{s \cdot (s-a) \cdot (s-b) \cdot (s-c)}$$

Dabei ist

$$s = \frac{a+b+c}{2}.$$

Es folgt also

$$A = \sqrt{\frac{a+b+c}{2} \cdot \left(\frac{a+b+c}{2} - a\right) \cdot \left(\frac{a+b+c}{2} - b\right) \cdot \left(\frac{a+b+c}{2} - c\right)}$$

$$= \sqrt{\frac{a+b+c}{2} \cdot \frac{-a+b+c}{2} \cdot \frac{a-b+c}{2} \cdot \frac{a+b-c}{2}}$$

$$= \sqrt{\frac{2a^2b^2 + 2a^2c^2 + 2b^2c^2 - a^4 - b^4 - c^4}{16}}.$$

Flächeninhalt eines Kreises

Der Flächeninhalt eines Kreises wird berechnet, indem das Quadrat seines Radius mit π multipliziert wird. Demzufolge lautet die Formel:

$$A = \pi \cdot r^2$$

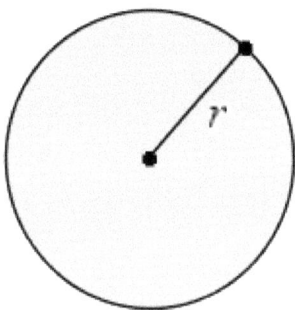

Abbildung 320

Für einen Kreis mit dem Radius $r = 5$ cm ergibt sich ein Flächeninhalt von $A = \pi \cdot r^2 \approx 78{,}4$ cm^2.

Rechenregeln für reelle Zahlen

Es gelten folgende Rechenregeln für die Addition und Multiplikation reeller Zahlen *a*, *b*, *c*:

a) Assoziativgesetz

$$(a + b) + c = a + (b + c) \qquad (a \cdot b) \cdot c = a \cdot (b \cdot c)$$

b) Kommutativgesetz

$$a + b = b + a \qquad a \cdot b = b \cdot a$$

c) Distributivgesetz

$$a \cdot (b + c) = a \cdot b + a \cdot c$$

Per Konvention gilt die Regel 'Klammer vor Punkt vor Strich'.

Wir berechnen den Wert des Terms
$T = 3a \cdot (4a + 5) - 11a^2 - 14a$ für $a = 3$.
Zunächst vereinfachen wir den Term.

$T = 3a \cdot (4a + 5) - 11a^2 - 14a$
$= 3a \cdot 4a + 3a \cdot 5 - 11a^2 - 14a$
$= 12a^2 + 15a - 11a^2 - 14a$
$= 12a^2 - 11a^2 + 15a - 14a$
$= (12 - 11) \cdot a^2 + (15 - 14) \cdot a$
$= a^2 + a$
$\Rightarrow T = a^2 + a$

Für $a = 3$ erhalten wir den Termwert $T(3) = 3^2 + 3 = 12$.

Vorzeichenregeln für reelle Zahlen

Seien 0 < s < t reelle Zahlen.

Dann gelten für die Addition folgende Vorzeichenregeln:

(+ t) + (+ s) = + (t + s)   (- t) + (- s) = - (t + s)

(+ t) + (- s) = + (t - s)   (- t) + (+ s) = - (t - s)

Die Subtraktion wird auf die Addition zurückgeführt:

- (+ s) = + (- s)   - (- s) = + (+ s)

Für die Multiplikation gelten folgende Vorzeichenregeln:

(+ t) • (+ s) = + t • s   (- t) • (- s) = + t • s

(+ t) • (- s) = - t • s   (- t) • (+ s) = - t • s

Für die Division gelten folgende Vorzeichenregeln:

$$\frac{+t}{+s} = +\frac{t}{s} \qquad \frac{-t}{-s} = +\frac{t}{s}$$

$$\frac{+t}{-s} = -\frac{t}{s} \qquad \frac{-t}{+s} = -\frac{t}{s}$$

Beispiele

$$-3{,}4 + 2{,}5 = -(3{,}4 - 2{,}5) = -0{,}9$$

$$5{,}3 - (-4{,}1) = 5{,}3 + 4{,}1 = 9{,}4$$

$$\frac{2}{5} \cdot \left(-\frac{1}{4}\right) = -\frac{1}{10} \qquad -\frac{1}{8} : \left(-\frac{1}{16}\right) = -\frac{1}{8} \cdot \left(-\frac{16}{1}\right) = 2$$

Quadratwurzeln

Sei $0 \leq r$ eine beliebige nichtnegative reelle Zahl.

Dann ist $\sqrt{r}$ (die Quadratwurzel des Radikanden r) so definiert:

$\sqrt{r} := s \Leftrightarrow s^2 = s \cdot s = r$ und $0 \leq s$

Die Quadratwurzel aus $0 \leq r$ ist also genau dann gleich s, wenn das Quadrat von $0 \leq s$ gleich r ist.

So ist z.B. $\sqrt{49} = 7 \Leftrightarrow 7^2 = 7 \cdot 7 = 49$ und $0 \leq 7$.

Das Radizieren ('Ziehen der Wurzel') stellt somit die Umkehrung des Quadrierens dar und das Quadrieren stellt die Umkehrung des Radizierens dar.

Beachte aber, dass der Radikand, also die Zahl unter dem Wurzelzeichen, stets nichtnegativ ist. Zudem ist die Quadratwurzel selbst stets nichtnegativ.

Äquivalenzumformungen I

Neben den Termumformungen, die durch die Anwendung der Assoziativgesetze, der Kommutativgesetze und des Distributivgesetzes vorgenommen werden, gibt es die sogenannten Äquivalenzumformungen von Gleichungen. Sie bewirken keine Veränderung der Lösungsmenge der Gleichung. Die vier Grundrechenarten Addition, Subtraktion, Multiplikation und Division stellen solche Äquivalenzumformungen dar. Multiplikation und Division dürfen allerdings nicht mit der neutralen Zahl 0 erfolgen.

Beispiel 1

$\quad\quad 2a + 4 = 12 \quad | - 4$
$\Leftrightarrow \quad 2a = 8 \quad\quad\quad | : 2$
$\Leftrightarrow \quad a = 4 \quad\quad\quad\, | \cdot 0$
$\Rightarrow \quad 0 = 0$

Die letzte Umformung gilt nurmehr in der einen Richtung, nicht aber in der umgekehrten Richtung, denn aus $0 = 0$ folgt nicht notwendig $a = 4$.

Beispiel 2

$\quad\quad 4a + 6 = 10 \quad | - 6$
$\Leftrightarrow \quad 4a = 4 \quad\quad\quad | : 4$
$\Leftrightarrow \quad a = 1$

Die Gleichungen $4a + 6 = 10$ und $a = 1$ sind äquivalent.

Äquivalenzumformungen II

Quadrieren ist keine Äquivalenzumformung.

Beispiel 3

$a = -4 \Rightarrow a^2 = 16 \Leftrightarrow a = 4 \vee a = -4$

Zwar folgt aus $a = -4$, dass $a^2 = 16$.
Umgekehrt folgt auch aus $a^2 = 16$, dass $a = -4$.
Aber eben nicht nur, denn aus $a^2 = 16$ folgt auch, dass $a = 4$.

Insgesamt muss man also sagen, aus $a^2 = 16$ folgt,
dass $a = 4 \vee a = -4$ (a gleich 4 oder a gleich -4).

Folglich haben die beiden Gleichungen $a = -4$ und $a^2 = 16$ unterschiedliche Lösungsmengen und sind daher nicht äquivalent.

Also ist das Quadrieren, der Vorgang, der aus der Gleichung $a = -4$ die Gleichung $a^2 = 16$ macht, keine Äquivalenzumformung.

Die Binomischen Formeln

Heute erinnern wir uns an die Binomischen Formeln, da wir zumindest die 1. Binomische Formel noch benötigen werden, z.B. in einem Beweis des Satzes des Pythagoras.

1. Binomische Formel

Wird das Binom *a + b* mit sich selbst multipliziert, erhalten wir:

$(a + b)^2 = a^2 + 2ab + b^2$

2. Binomische Formel

Wird das Binom *a − b* mit sich selbst multipliziert, erhalten wir:

$(a - b)^2 = a^2 - 2ab + b^2$

3. Binomische Formel

Multiplizieren wir das Binom *a + b* mit dem Binom *a - b*, gilt:

$(a + b) \cdot (a - b) = a^2 - b^2$

Beispiel

$(a + 5)^2 = a^2 + 2 \cdot a \cdot 5 + 5^2 = a^2 + 10a + 25$

Der Satz des Pythagoras I

Der Satz des Pythagoras besagt, dass in einem rechtwinkligen Dreieck die Summe der Kathetenquadrate gleich dem Hypotenusenquadrat ist. Umgekehrt gilt auch, dass ein Dreieck rechtwinklig ist, wenn die Summe der Quadrate der beiden kürzeren Seiten gleich dem Quadrat der längsten Seite ist.

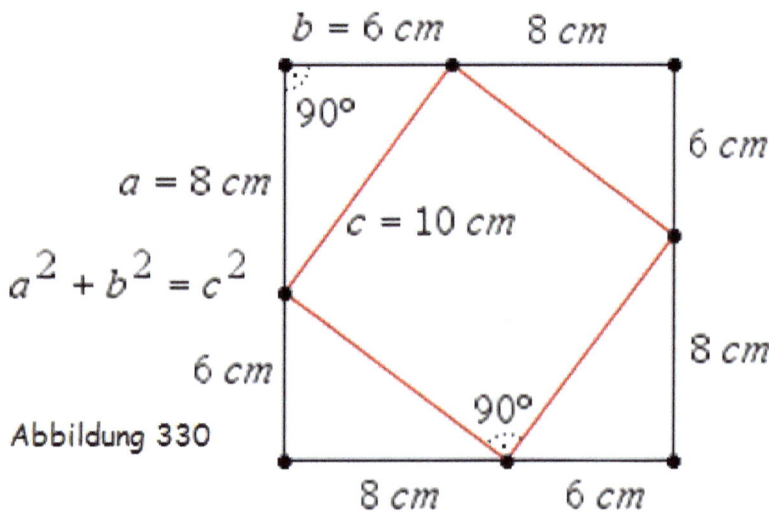

Abbildung 330

Der Satz des Pythagoras II

In der Beweisfigur in Abbildung 330 stellen wir einen Flächenvergleich an. Einerseits betrachten wir das große schwarze Quadrat und beschreiben dessen Flächeninhalt, indem wir ihn als Formel ausdrücken. Andererseits betrachten wir das kleinere rote Quadrat und die vier Dreiecke, die ebenso wie das rote Quadrat im schwarzen Quadrat enthalten sind. Wir beschreiben die Summe der Flächeninhalte des roten Quadrats und der vier Dreiecke und drücken auch diese Summe als Formel aus. Da die Fläche des schwarzen Quadrats der Summe der Flächen des roten Quadrats und der vier Dreiecke entspricht, setzen wir schließlich die gefundenen Formeln einander gleich.

Fläche des schwarzen Quadrats
$A_{SQ} = (a + b)^2 = a^2 + 2ab + b^2$

Fläche des roten Quadrats

$A_{RQ} = c^2$

Fläche der vier Dreiecke

$A_{VD} = 4 \cdot \frac{ab}{2} = 2ab$

Summe der Flächen des roten Quadrats und der vier Dreiecke
$A_{RQ} + A_{VD} = c^2 + 2ab$

Nun setzen wir die gefundenen Terme gleich:
$A_{SQ} = a^2 + 2ab + b^2 = c^2 + 2ab = A_{RQ} + A_{VD}$
$\Rightarrow a^2 + b^2 = c^2$

Der Satz des Pythagoras III

Die geometrische Deutung des Satzes des Pythagoras lässt sich durch folgende Zeichnung veranschaulichen.

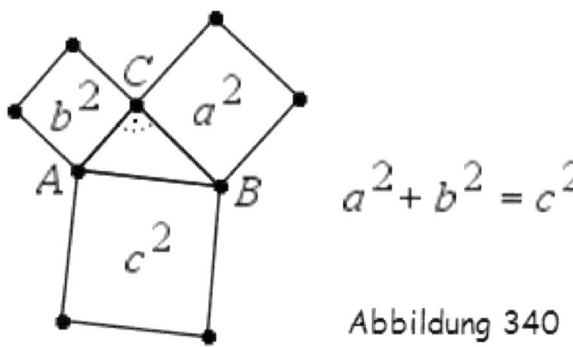

Abbildung 340

Die Summe der Quadratflächen über den beiden Seiten, die den rechten Winkel bilden, ist genauso groß wie der Inhalt der Quadratfläche über der Seite, die dem rechten Winkel gegenüberliegt.

Der Satz des Pythagoras IV

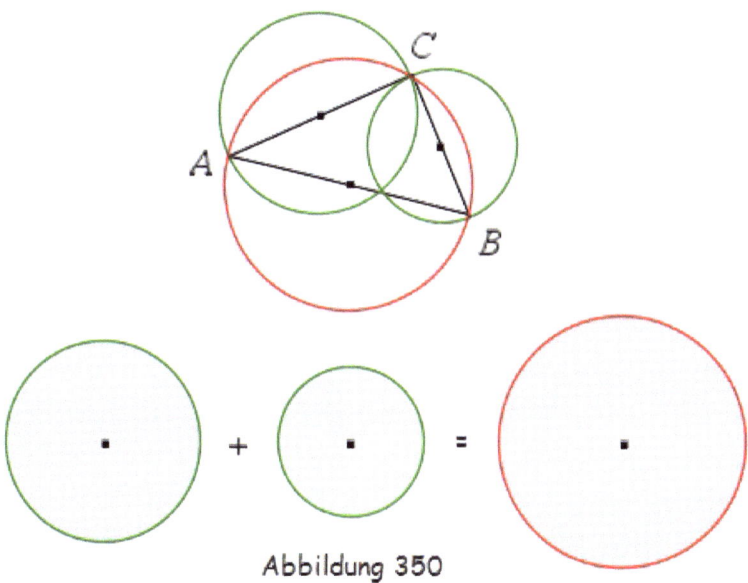

Abbildung 350

Mit dem Satz des Pythagoras folgt auch, dass die Kreise über den Katheten zusammen den gleichen Flächeninhalt haben wie der Kreis über der Hypotenuse.

$$\pi \bullet \left(\frac{a}{2}\right)^2 + \pi \bullet \left(\frac{b}{2}\right)^2 = \pi \bullet \left(\frac{c}{2}\right)^2 \Leftrightarrow a^2 + b^2 = c^2$$

Dabei habe ich benutzt, dass der Flächeninhalt eines Kreises mit der Formel $\pi \bullet r^2$ berechnet wird.

Die Satzgruppe des Pythagoras

Gegeben sei das rechtwinklige Dreieck in Abbildung 360. Wir bezeichnen die Eckpunkte des Dreiecks im positiven Drehsinn mit den Buchstaben *A*, *B* und *C*. Wir bezeichnen die den Ecken gegenüberliegenden Seiten mit den Buchstaben *a*, *b* und *c*. Wir bezeichnen die an den Eckpunkten anliegenden Winkel mit den Buchstaben *α*, *β* und *γ*. Der Winkel Gamma (*γ*) sei der rechte Winkel.

Die den rechten Winkel bildenden Seiten *a* und *b* nennen wir Katheten. Die dem rechten Winkel gegenüberliegende Seite *c* nennen wir Hypotenuse.

In das Dreieck zeichnen wir eine Höhe ein und bezeichnen diese mit dem Buchstaben *h*. Diese Höhe *h* verlaufe senkrecht zur Hypotenuse *c* und ende im Eckpunkt *C*. Wir bezeichnen den Fußpunkt der Höhe *h* auf der Hypotenuse *c* mit dem Buchstaben *F*. Punkt *F* teilt die Hypotenuse *c* in zwei Hypotenusenabschnitte *p* und *q*. Der Hypotenusenabschnitt *p* sei die der Kathete *a* zugehörige Strecke *BF*. Der Hypotenusenabschnitt *q* sei die der Kathete *b* zugehörige Strecke *AF*.

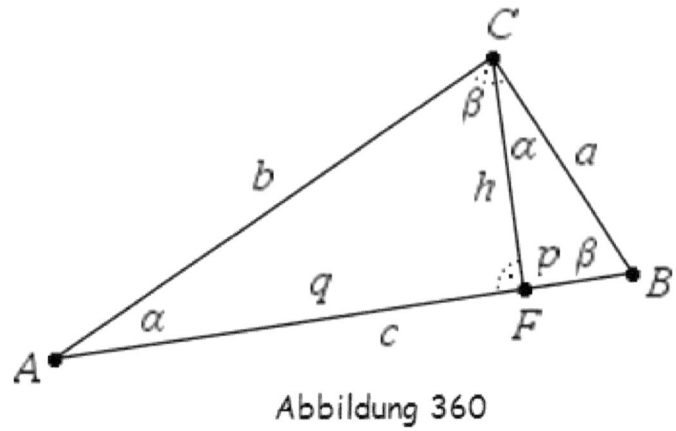

Abbildung 360

Verhältnisgleichungen der Satzgruppe

Die Höhe *h* zerlegt das Dreieck *ABC* in zwei weitere rechtwinklige Dreiecke *AFC* und *BCF*. Aufgrund der Winkelsumme von 180° in den Dreiecken *ABC*, *AFC* und *BCF* teilt die Höhe *h* den rechten Winkel γ gerade in die beiden Winkel α und β. Die Seiten *h* und *a* bilden also den Winkel Alpha (α). Die Seiten *b* und *h* bilden den Winkel Beta (β). Somit sind die Dreiecke *ABC*, *AFC* und *BCF* einander ähnlich, da sie in ihren drei Winkeln übereinstimmen. Dann aber gleichen sich die Verhältnisse einander entsprechender Seiten der drei Dreiecke.

Der Kathete *a* des Dreiecks *ABC* entsprechen die Katheten *h* im Dreieck *AFC* und *p* im Dreieck *BCF*, da diese jeweils mit der Hypotenuse den Winkel β bilden.

Der Kathete *b* des Dreiecks *ABC* entsprechen die beiden Katheten *q* im Dreieck *AFC* und *h* im Dreieck *BCF*, da diese jeweils mit der Hypotenuse den Winkel α bilden.

Der Hypotenuse *c* des Dreiecks *ABC* entsprechen die beiden Hypotenusen *b* im Dreieck *AFC* und *a* im Dreieck *BCF*, da diese jeweils mit den Katheten die Winkel α und β bilden.

Aufgrund der Ähnlichkeit der Dreiecke *ABC*, *AFC* und *BCF* gelten folgende Verhältnisgleichungen:

$$\frac{a}{b}=\frac{h}{q}=\frac{p}{h} \qquad \frac{a}{c}=\frac{h}{b}=\frac{p}{a} \qquad \frac{b}{c}=\frac{q}{b}=\frac{h}{a}$$

Produktgleichungen der Satzgruppe

Aus den Verhältnisgleichungen lassen sich folgende Produktgleichungen ableiten:

Gleichungen mit 4 Variablen

$hc = ab$ $\quad\quad\quad$ $ha = bp$ $\quad\quad\quad$ $hb = aq$

Gleichungen mit 3 Variablen

Kathetensatz des Euklid

$a^2 = cp$ $\quad\quad\quad$ $b^2 = cq$

Höhensatz des Euklid

$h^2 = pq$

Satz des Pythagoras

$a^2 = h^2 + p^2$ $\quad\quad\quad$ $b^2 = h^2 + q^2$ $\quad\quad\quad$ $a^2 + b^2 = c^2$

Der Satz des Pythagoras bildet nun mit dem Kathetensatz und dem Höhensatz die sogenannte Satzgruppe des Pythagoras.

Geometrische Deutung des Kathetensatzes

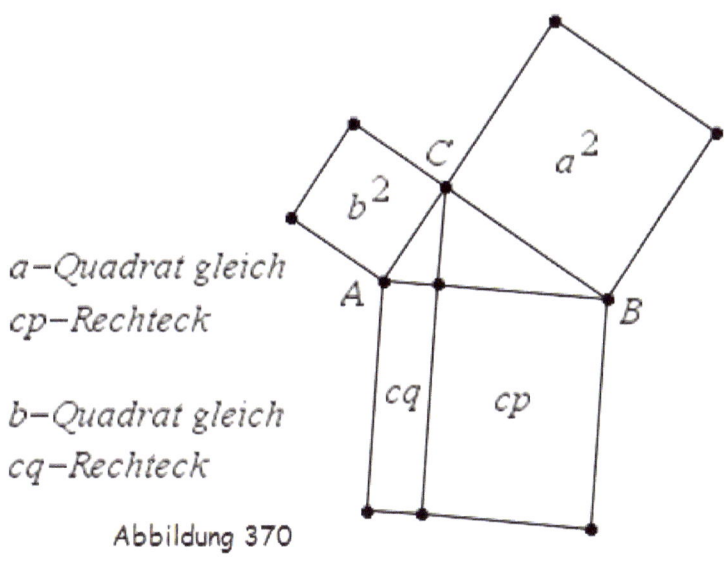

a-Quadrat gleich
cp-Rechteck

b-Quadrat gleich
cq-Rechteck

Abbildung 370

Geometrische Deutung des Höhensatzes

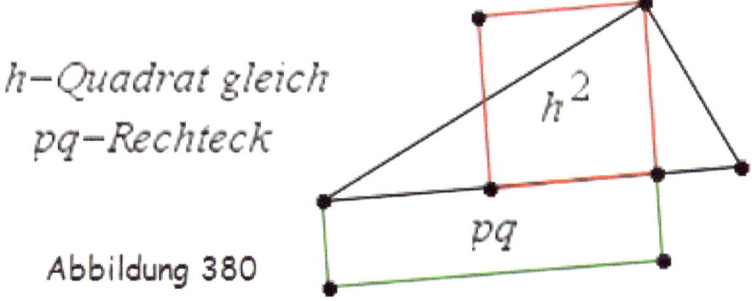

h-Quadrat gleich
pq-Rechteck

Abbildung 380

Ein weiterer Beweis des Satzes des Pythagoras

Sämtliche Produktgleichungen, insbesondere auch der Kathetensatz und der Höhensatz, ergeben sich direkt aus den entsprechenden Verhältnisgleichungen.

Der Satz des Pythagoras aber lässt sich aus diesen Produktgleichungen herleiten:

$a^2 = cp$ und $b^2 = cq$
$\Rightarrow a^2 + b^2 = cp + cq = c(p + q) = c^2$

$\Rightarrow a^2 + b^2 = c^2$
Diese Gleichung gilt für das Dreieck **ABC**.

$a^2 = cp$ und $h^2 = pq$
$\Rightarrow a^2 = (p + q)p = p^2 + pq = p^2 + h^2$

$\Rightarrow a^2 = h^2 + p^2$
Diese Gleichung gilt für das Dreieck **BCF**.

$b^2 = cq$ und $h^2 = pq$
$\Rightarrow b^2 = (p + q)q = pq + q^2 = h^2 + q^2$

$\Rightarrow b^2 = h^2 + q^2$
Diese Gleichung gilt für das Dreieck **AFC**.

Bamberger Matrix I

Sämtliche Gleichungen der Satzgruppe lassen sich mit folgender Matrix auf einfache Weise bilden. Die Matrix besteht aus drei Zeilen und drei Spalten. Die Zeilen entsprechen den Spalten.

$$\begin{pmatrix} c & a & b \\ a & p & h \\ b & h & q \end{pmatrix}$$

Den ersten Eintrag einer Zeile und Spalte bildet jeweils die Hypotenuse der drei Dreiecke **ABC**, **BCF** und **AFC**. Den zweiten und dritten Eintrag einer Zeile und Spalte bilden die Katheten der drei Dreiecke **ABC**, **BCF** und **AFC**.

Das Dreieck **ABC** wird durch die erste Zeile und die erste Spalte ausgedrückt. Das Dreieck **BCF** wird durch die zweite Zeile und die zweite Spalte ausgedrückt. Das Dreieck **AFC** wird durch die dritte Zeile und die dritte Spalte ausgedrückt.

Die Katheten der zweiten Zeile und zweiten Spalte und die Katheten der dritten Zeile und dritten Spalte entsprechen sich untereinander.

Bamberger Matrix II

Die Produktgleichungen lassen sich bilden, indem eine Zeile und eine Spalte der Matrix zugedeckt werden. Dann entsteht eine Matrix, die aus zwei Zeilen und zwei Spalten besteht. Dann aber entsprechen sich die Produkte der jeweils diagonal stehenden Elemente.

Werden etwa die 2. Zeile und die 3. Spalte zugedeckt, so entsteht folgende Matrix:

$$\begin{pmatrix} c & a \\ b & h \end{pmatrix}$$

Werden nun die diagonal stehenden Elemente multipliziert und anschließend gleichgesetzt, ergibt sich:

ab = ch

Diese Gleichung ergibt sich auch aus der Betrachtung des Flächeninhalts des Dreiecks **ABC**:

$$A = \frac{ab}{2} = \frac{ch}{2} \Leftrightarrow ab = ch$$

Bamberger Matrix III

Der Satz des Pythagoras ergibt sich jeweils, indem der erste Eintrag einer Zeile oder Spalte der Matrix quadriert und mit der Summe der Quadrate der beiden weiteren Einträge derselben Zeile oder Spalte gleichgesetzt wird.

$$\begin{pmatrix} c & a & b \\ a & p & h \\ b & h & q \end{pmatrix}$$

Für die 1. Spalte $\begin{pmatrix} c \\ a \\ b \end{pmatrix}$ ergibt sich:

$$c^2 = a^2 + b^2 \quad \Rightarrow \text{Dreieck } \mathbf{ABC}$$

Für die 2. Spalte $\begin{pmatrix} a \\ p \\ h \end{pmatrix}$ ergibt sich:

$$a^2 = p^2 + h^2 \quad \Rightarrow \text{Dreieck } \mathbf{BCF}$$

Für die 3. Spalte $\begin{pmatrix} b \\ h \\ q \end{pmatrix}$ ergibt sich:

$$b^2 = h^2 + q^2 \quad \Rightarrow \text{Dreieck } \mathbf{AFC}$$

Rechenbeispiel I

$$\begin{pmatrix} & 15 & 20 \\ 15 & & \\ 20 & & \end{pmatrix} \Rightarrow \begin{pmatrix} 25 & 15 & 20 \\ 15 & & \\ 20 & & \end{pmatrix}$$

$c^2 = a^2 + b^2 = 15^2 + 20^2 = 625 \Rightarrow c = \sqrt{625} = 25$

$$\begin{pmatrix} 25 & 15 & 20 \\ 15 & & \\ 20 & & \end{pmatrix} \Rightarrow \begin{pmatrix} 25 & 15 & 20 \\ 15 & 9 & \\ 20 & & \end{pmatrix}$$

$a^2 = cp \Rightarrow p = \dfrac{a^2}{c} = \dfrac{15^2}{25} = 9 \Rightarrow p = 9$

$$\begin{pmatrix} 25 & 15 & 20 \\ 15 & 9 & \\ 20 & & \end{pmatrix} \Rightarrow \begin{pmatrix} 25 & 15 & 20 \\ 15 & 9 & \\ 20 & & 16 \end{pmatrix}$$

$c = p + q \Rightarrow q = c - p = 25 - 9 = 16 \Rightarrow q = 16$

$$\begin{pmatrix} 25 & 15 & 20 \\ 15 & 9 & \\ 20 & & 16 \end{pmatrix} \Rightarrow \begin{pmatrix} 25 & 15 & 20 \\ 15 & 9 & 12 \\ 20 & 12 & 16 \end{pmatrix}$$

$h^2 = pq = 9 \cdot 16 = 144 \Rightarrow h = \sqrt{144} = 12$

Rechenbeispiel II

$$\begin{pmatrix} & & \\ & 25 & \\ & & 144 \end{pmatrix} \Rightarrow \begin{pmatrix} 169 & & \\ & 25 & \\ & & 144 \end{pmatrix}$$

$c = p + q = 25 + 144 = 169 \Rightarrow c = 169$

$$\begin{pmatrix} 169 & & \\ & 25 & \\ & & 144 \end{pmatrix} \Rightarrow \begin{pmatrix} 169 & 65 & \\ 65 & 25 & \\ & & 144 \end{pmatrix}$$

$a^2 = cp = 169 \cdot 25 = 4225 \Rightarrow a = \sqrt{4225} = 65$

$$\begin{pmatrix} 169 & 65 & \\ 65 & 25 & \\ & & 144 \end{pmatrix} \Rightarrow \begin{pmatrix} 169 & 65 & 156 \\ 65 & 25 & \\ 156 & & 144 \end{pmatrix}$$

$b^2 = cq = 169 \cdot 144 = 24336 \Rightarrow b = \sqrt{24336} = 156$

$$\begin{pmatrix} 169 & 65 & 156 \\ 65 & 25 & \\ 156 & & 144 \end{pmatrix} \Rightarrow \begin{pmatrix} 169 & 65 & 156 \\ 65 & 25 & 60 \\ 156 & 60 & 144 \end{pmatrix}$$

$h^2 = pq = 25 \cdot 144 = 3600 \Rightarrow h = \sqrt{3600} = 60$

Rechenbeispiel III

$$\begin{pmatrix} 625 & & \\ & & \\ & & 576 \end{pmatrix} \Rightarrow \begin{pmatrix} 625 & & \\ & 49 & \\ & & 576 \end{pmatrix}$$

$p = c - q = 625 - 576 = 49 \Rightarrow p = 49$

$$\begin{pmatrix} 625 & & \\ & 49 & \\ & & 576 \end{pmatrix} \Rightarrow \begin{pmatrix} 625 & 175 & \\ 175 & 49 & \\ & & 576 \end{pmatrix}$$

$a^2 = cp = 625 \cdot 49 = 30625 \Rightarrow a = \sqrt{30625} = 175$

$$\begin{pmatrix} 625 & 175 & \\ 175 & 49 & \\ & & 576 \end{pmatrix} \Rightarrow \begin{pmatrix} 625 & 175 & 600 \\ 175 & 49 & \\ 600 & & 576 \end{pmatrix}$$

$b^2 = cq = 625 \cdot 576 = 360000 \Rightarrow b = \sqrt{360000} = 600$

$$\begin{pmatrix} 625 & 175 & 600 \\ 175 & 49 & \\ 600 & & 576 \end{pmatrix} \Rightarrow \begin{pmatrix} 625 & 175 & 600 \\ 175 & 49 & 168 \\ 600 & 168 & 576 \end{pmatrix}$$

$h^2 = pq = 49 \cdot 576 = 28224 \Rightarrow h = \sqrt{28224} = 168$

Bamberger Matrix IV

Wie kann man die Matrix aufstellen, wenn das gegebene Dreieck ganz andere Bezeichnungen besitzt als die üblichen? Dieser Frage möchte ich mich nun zuwenden und dazu betrachten wir als Beispiel das rechtwinklige Dreieck in Abbildung 390.

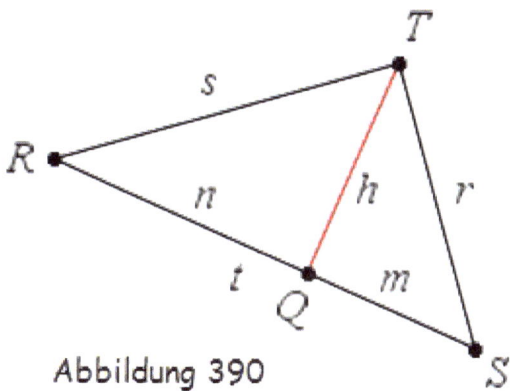

Abbildung 390

Das Dreieck **RST** enthält aufgrund der eingezeichneten Höhe *h* zwei weitere rechtwinklige Dreiecke **QST** und **RQT**. Die Dreiecke **RST**, **QST** und **RQT** sind wieder einander ähnlich. Nun bauen wir die Matrix Schritt für Schritt auf.

$$\begin{pmatrix} t & r & s \\ r & & \\ s & & \end{pmatrix}$$

Die Hypotenusen der Dreiecke bilden die erste Zeile und die erste Spalte der Matrix. Dabei steht die Hypotenuse **t** des Dreiecks **RST** in der oberen linken Ecke.

Bamberger Matrix V

$$\begin{pmatrix} t & r & s \\ r & m & \\ s & & n \end{pmatrix}$$

Die Hypotenusenabschnitte *m* und *n* stehen in der Hauptdiagonalen der Matrix. Und zwar in der Reihenfolge, in welcher auch die zugehörigen Katheten des Dreiecks **RST** in der ersten Zeile und ersten Spalte stehen. Der Hypotenusenabschnitt *m* gehört zur Kathete *r*, da sie gemeinsam einen Winkel des Dreiecks **RST** bilden. Der Hypotenusenabschnitt *n* gehört zur Kathete *s*, da sie ebenso gemeinsam einen Winkel des Dreiecks **RST** bilden.

$$\begin{pmatrix} t & r & s \\ r & m & h \\ s & h & n \end{pmatrix}$$

Schließlich belegen wir noch die beiden verbliebenen Felder in der Matrix mit der Bezeichnung *h* der Höhe im Dreieck **RST**. Für diese Matrix gelten dann folgende Gleichungen:

1) $t^2 = r^2 + s^2$ 2) $r^2 = m^2 + h^2$ 3) $s^2 = h^2 + n^2$

4) $r^2 = tm$ 5) $s^2 = tn$ 6) $h^2 = mn$

7) $sr = th$ 8) $hs = rn$ 9) $ms = rh$

Pythagoreische Zahlentripel

3 natürliche Zahlen, die die Gleichung des Satzes des Pythagoras erfüllen, werden Pythagoreisches Zahlentripel genannt. Z.B. erfüllen die Zahlen 3, 4 und 5 die Gleichung des Satzes des Pythagoras, da $3^2 + 4^2 = 5^2$. Wir notieren dieses Tripel in der Form (3, 4, 5).

Eigentlich kommt es bei einem Tripel auch auf die Reihenfolge der Zahlen an. In Hinblick auf den Satz des Pythagoras ist die Reihenfolge der Zahlen im Tripel jedoch ohne Bedeutung. Ein Pythagoreisches Zahlentripel ist also eine Art Trio natürlicher Zahlen, das einer bestimmten Bedingung, nämlich der Gleichung des Satzes des Pythagoras, genügt.

Es gibt unendlich viele solcher Pythagoreischer Zahlentripel. Sie sind mithilfe verschiedener Formeln berechenbar. Es gilt der Satz, dass alle Vielfachen aller Pythagoreischer Zahlentripel wieder Pythagoreische Zahlentripel sind.

Wir werden sehen, dass die drei Zahlen, die ein Tripel bilden, immer unterschiedlich groß sind. Denn wäre etwa $a = b = c$, so würde folgen $a^2 + b^2 = 2c^2 > c^2$. Die Zahlen würden also kein Pythagoreisches Tripel bilden. Oder wäre $a = b$, so würde folgen $a^2 + b^2 = 2a^2 = c^2$. Dies würde bedeuten, dass $\sqrt{2} = \frac{c}{a}$. Die Wurzel aus 2 wäre also rational. Dies ist sie aber nicht. Folglich kann a nicht gleich b sein. Schließlich kann aber auch a nicht gleich c sein. Denn wäre $a = c$, so müssten die Winkel Alpha und Gamma gleich groß sein. Dann hätten wir zwei 90°-Winkel.

Zahlentripel - Einführung Berechnungsmethode 1

Sei 0 < n eine natürliche Zahl.

Dann bilden

$a = 2n + 1$

$b = \frac{a^2-1}{2} = 2n^2 + 2n$

$c = b + 1 = 2n^2 + 2n + 1$

das Pythagoreische Zahlentripel (a, b, c).

Beweis:

$a^2 = (2n + 1)^2 = 4n^2 + 4n + 1$

$b^2 = \left(\frac{a^2-1}{2}\right)^2 = (2n^2 + 2n)^2 = 4n^4 + 8n^3 + 4n^2$

$c^2 = (b + 1)^2 = (2n^2 + 2n + 1)^2 = 4n^4 + 8n^3 + 8n^2 + 4n + 1$

$\Rightarrow a^2 + b^2$

$= 4n^2 + 4n + 1 + 4n^4 + 8n^3 + 4n^2$

$= 4n^4 + 8n^3 + 8n^2 + 4n + 1$

$= c^2$

$\Rightarrow a^2 + b^2 = c^2$

Zahlentripel - Fortsetzung Berechnungsmethode 1

Wird das Pythagoreische Zahlentripel (*a*, *b*, *c*) nach der Berechnungsmethode 1 gebildet, so gilt:

$a^2 = b + c$

Beweis:

$a^2 = 4n^2 + 4n + 1$

$b = 2n^2 + 2n$

$c = 2n^2 + 2n + 1$

$\Rightarrow a^2 = b + c$

Beispiel 1 für Berechnungsmethode 1

Für *n* = 5 folgt

$a = 2 \cdot 5 + 1 = 11$

$b = \frac{11^2 - 1}{2} = 60$

$c = 60 + 1 = 61$

$\Rightarrow a^2 + b^2 = 11^2 + 60^2 = 121 + 3600 = 3721 = 61^2 = c^2$

Beispiel 2 für Berechnungsmethode 1

Für *n* = 8 folgt

$a = 2 \cdot 8 + 1 = 17$

$b = \frac{17^2 - 1}{2} = 144$

$c = 144 + 1 = 145$

$\Rightarrow a^2 + b^2 = 17^2 + 144^2 = 289 + 20736 = 21025 = 145^2 = c^2$

Beispiel 3 für Berechnungsmethode 1

Für n = 12 folgt

$a = 2 \cdot 12 + 1 = 25$

$b = 312$ und $c = 313$ wegen

$a^2 = 25^2 = 625 = 312 + 313 = b + c$

$\Rightarrow a^2 + b^2 = 25^2 + 312^2 = 97969 = 313^2 = c^2$

Beispiel 4 für Berechnungsmethode 1

Für n = 15 folgt

$a = 2 \cdot 15 + 1 = 31$

$b = 480$ und $c = 481$ wegen

$a^2 = 31^2 = 961 = 480 + 481 = b + c$

$\Rightarrow a^2 + b^2 = 31^2 + 480^2 = 231361 = 481^2 = c^2$

Tabelle 1

In der nachfolgenden Tabelle habe ich einige mit der Methode 1 berechneten Tripel aufgeführt. In der ersten Spalte stehen die Werte für den Parameter n. In den weiteren Spalten stehen die Werte a, b und c der Tripel. Der Wert für c entspricht jeweils der Länge der Hypotenuse im zugehörigen rechtwinkligen Dreieck.

Tabelle 1

n	a	b	c
1	3	4	5
2	5	12	13
3	7	24	25
4	9	40	41
5	11	60	61
6	13	84	85
7	15	112	113
8	17	144	145
9	19	180	181
10	21	220	221
11	23	264	265
12	25	312	313
13	27	364	365
14	29	420	421
15	31	480	481
16	33	544	545
17	35	612	613
18	37	684	685
19	39	760	761
20	41	840	841
21	43	924	925
22	45	1012	1013
23	47	1104	1105
24	49	1200	1201
25	51	1300	1301

Zahlentripel - Einführung Berechnungsmethode 2

Seien $0 < m < n$ natürliche Zahlen.

Dann bilden

$a = n^2 - m^2$; $b = 2mn$; $c = n^2 + m^2$

das Pythagoreische Zahlentripel (a, b, c).

Beweis:

$a^2 = (n^2 - m^2)^2 = n^4 - 2m^2n^2 + m^4$
$b^2 = (2mn)^2 = 4m^2n^2$
$c^2 = (n^2 + m^2)^2 = n^4 + 2m^2n^2 + m^4$

$\Rightarrow a^2 + b^2 = n^4 - 2m^2n^2 + m^4 + 4m^2n^2 = n^4 + 2m^2n^2 + m^4 = c^2$
$\Rightarrow a^2 + b^2 = c^2$

Beispiel für Berechnungsmethode 2

Für $m = 3$ und $n = 7$ folgt

$a = 7^2 - 3^2 = 40$
$b = 2 \cdot 3 \cdot 7 = 42$
$c = 7^2 + 3^2 = 58$
$\Rightarrow a^2 + b^2 = 40^2 + 42^2 = 1600 + 1764 = 3364 = 58^2 = c^2$
$\Rightarrow a^2 + b^2 = c^2$

Tabelle 2 - 5

In den nachfolgenden Tabellen habe ich einige mit der Methode 2 berechneten Tripel aufgeführt. In der ersten Spalte stehen die Werte für den Parameter n. In der zweiten Spalte stehen die Werte für den Parameter m. In den weiteren Spalten stehen die Werte a, b, c der Tripel. c entspricht wieder der Hypotenuse.

Tabelle 2

n	m	a	b	c
2	1	3	4	5
3	1	8	6	10
3	2	5	12	13
4	1	15	8	17
4	2	12	16	20
4	3	7	24	25
5	1	24	10	26
5	2	21	20	29
5	3	16	30	34
5	4	9	40	41
6	1	35	12	37
6	2	32	24	40
6	3	27	36	45
6	4	20	48	52
6	5	11	60	61
7	1	48	14	50
7	2	45	28	53
7	3	40	42	58
7	4	33	56	65
7	5	24	70	74
7	6	13	84	85
8	1	63	16	65
8	2	60	32	68
8	3	55	48	73
8	4	48	64	80
8	5	39	80	89
8	6	28	96	100
8	7	15	112	113

Tabelle 3

n	m	a	b	c
9	1	80	18	82
9	2	77	36	85
9	3	72	54	90
9	4	65	72	97
9	5	56	90	106
9	6	45	108	117
9	7	32	126	130
9	8	17	144	145
10	1	99	20	101
10	2	96	40	104
10	3	91	60	109
10	4	84	80	116
10	5	75	100	125
10	6	64	120	136
10	7	51	140	149
10	8	36	160	164
10	9	19	180	181
11	1	120	22	122
11	2	117	44	125
11	3	112	66	130
11	4	105	88	137
11	5	96	110	146
11	6	85	132	157
11	7	72	154	170
11	8	57	176	185
11	9	40	198	202
11	10	21	220	221

Tabelle 4

n	m	a	b	c
12	1	143	24	145
12	2	140	48	148
12	3	135	72	153
12	4	128	96	160
12	5	119	120	169
12	6	108	144	180
12	7	95	168	193
12	8	80	192	208
12	9	63	216	225
12	10	44	240	244
12	11	23	264	265
13	1	168	26	170
13	2	165	52	173
13	3	160	78	178
13	4	153	104	185
13	5	144	130	194
13	6	133	156	205
13	7	120	182	218
13	8	105	208	233
13	9	88	234	250
13	10	69	260	269
13	11	48	286	290
13	12	25	312	313

Tabelle 5

n	m	a	b	c
14	1	195	28	197
14	2	192	56	200
14	3	187	84	205
14	4	180	112	212
14	5	171	140	221
14	6	160	168	232
14	7	147	196	245
14	8	132	224	260
14	9	115	252	277
14	10	96	280	296
14	11	75	308	317
14	12	52	336	340
14	13	27	364	365
15	1	224	30	226
15	2	221	60	229
15	3	216	90	234
15	4	209	120	241
15	5	200	150	250
15	6	189	180	261
15	7	176	210	274
15	8	161	240	289
15	9	144	270	306
15	10	125	300	325
15	11	104	330	346
15	12	81	360	369
15	13	56	390	394
15	14	29	420	421

Zahlentripel - Einführung Berechnungsmethode 3

Sei $0 < n$ eine natürliche Zahl.

Dann bilden

$a = 4n$; $b = 4n^2 - 1$; $c = 4n^2 + 1$

das Pythagoreische Zahlentripel (a, b, c).

Beweis:

$a^2 = 16n^2$

$b^2 = 16n^4 - 8n^2 + 1$

$c^2 = 16n^4 + 8n^2 + 1$

$\Rightarrow a^2 + b^2 = 16n^2 + 16n^4 - 8n^2 + 1 = 16n^4 + 8n^2 + 1 = c^2$

$\Rightarrow a^2 + b^2 = c^2$

Beispiel für Berechnungsmethode 3

Für $n = 5$ folgt:

$a = 4 \cdot 5 = 20$

$b = 4 \cdot 5^2 - 1 = 99$

$c = 4 \cdot 5^2 + 1 = 101$

$\Rightarrow 20^2 + 99^2 = 400 + 9801 = 10201 = 101^2$

$\Rightarrow a^2 + b^2 = c^2$

Tabelle 6

In der nachfolgenden Tabelle habe ich einige mit der Methode 3 berechneten Tripel aufgeführt. In der ersten Spalte stehen die Werte für den Parameter n. In den weiteren Spalten stehen die Werte a, b, c der Tripel. c entspricht wieder der Hypotenuse.

Tabelle 6

n	a	b	c
1	4	3	5
2	8	15	17
3	12	35	37
4	16	63	65
5	20	99	101
6	24	143	145
7	28	195	197
8	32	255	257
9	36	323	325
10	40	399	401
11	44	483	485
12	48	575	577
13	52	675	677
14	56	783	785
15	60	899	901
16	64	1023	1025
17	68	1155	1157
18	72	1295	1297
19	76	1443	1445
20	80	1599	1601
21	84	1763	1765
22	88	1935	1937
23	92	2115	2117
24	96	2303	2305
25	100	2499	2501

Zahlentripel - Einführung Berechnungsmethode 4

Sei $0 \leq n$ eine natürliche Zahl.

Dann bilden

$a = 4n + 4$; $b = 4n^2 + 8n + 3$; $c = 4n^2 + 8n + 5$

das Pythagoreische Zahlentripel (a, b, c).

Beweis:

$a^2 = 16n^2 + 32n + 16$

$b^2 = 16n^4 + 64n^3 + 88n^2 + 48n + 9$

$c^2 = 16n^4 + 64n^3 + 104n^2 + 80n + 25$

$\Rightarrow a^2 + b^2 = c^2$

Zahlentripel - Fortsetzung Berechnungsmethode 4

Wird das Pythagoreische Zahlentripel (a, b, c) nach der Methode 4 gebildet, so gilt:

$a = x + y$; $b = x \cdot y$; $c = x \cdot y + 2$ mit

$x = 2n + 1$; $y = 2n + 3$ für $0 \leq n$

Beweis:

$x + y = 2n + 1 + 2n + 3 = 4n + 4 = a$

$x \cdot y = (2n + 1) \cdot (2n + 3) = 4n^2 + 8n + 3 = b$

$x \cdot y + 2 = 4n^2 + 8n + 5 = c$

Erläuterung:

x und y sind beliebige, aufeinander folgende, ungerade natürliche Zahlen.

Beispiel 1 für Berechnungsmethode 4

Für n = 2 folgt:

$a = 4 \cdot 2 + 4 = 12$

$b = 4 \cdot 2^2 + 8 \cdot 2 + 3 = 35$

$c = 4 \cdot 2^2 + 8 \cdot 2 + 5 = 37$

$\Rightarrow a^2 + b^2 = 12^2 + 35^2 = 1369 = 37^2 = c^2$

Beispiel 2 für Berechnungsmethode 4

Unter Verwendung von x und y folgt für n = 2:

$x = 2 \cdot 2 + 1 = 5$

$y = 2 \cdot 2 + 3 = 7$

$a = 5 + 7 = 12$

$b = 5 \cdot 7 = 35$

$c = 5 \cdot 7 + 2 = 37$

$\Rightarrow a^2 + b^2 = 12^2 + 35^2 = 1369 = 37^2 = c^2$

Beispiel 3 für Berechnungsmethode 4

Seien x = 15 und y = 17.

Dann gilt:

$a = 15 + 17 = 32$

$b = 15 \cdot 17 = 255$

$c = 15 \cdot 17 + 2 = 257$

$\Rightarrow a^2 + b^2 = 32^2 + 255^2 = 66049 = 257^2 = c^2$

In der nachfolgenden Tabelle habe ich einige mit der Methode 4 berechneten Tripel aufgeführt. Es finden sich sowohl die Werte für n, x und y als auch für a, b und c. c ist jeweils Hypotenuse.

Tabelle 7

n	x	y	a	b	c
0	1	3	4	3	5
1	3	5	8	15	17
2	5	7	12	35	37
3	7	9	16	63	65
4	9	11	20	99	101
5	11	13	24	143	145
6	13	15	28	195	197
7	15	17	32	255	257
8	17	19	36	323	325
9	19	21	40	399	401
10	21	23	44	483	485
11	23	25	48	575	577
12	25	27	52	675	677
13	27	29	56	783	785
14	29	31	60	899	901
15	31	33	64	1023	1025
16	33	35	68	1155	1157
17	35	37	72	1295	1297
18	37	39	76	1443	1445
19	39	41	80	1599	1601
20	41	43	84	1763	1765
21	43	45	88	1935	1937
22	45	47	92	2115	2117
23	47	49	96	2303	2305
24	49	51	100	2499	2501
25	51	53	104	2703	2705

Zahlentripel - Einführung Berechnungsmethode 5

Sei 1 < n eine natürliche Zahl.

Bei dieser Berechnungsmethode muss n größer als 1 sein, denn für n = 0 wäre a = 0 und für n = 1 wäre b = 0.

Dann bilden

$a = 2n$; $b = n^2 - 1$; $c = n^2 + 1$

das Pythagoreische Zahlentripel (a, b, c).

Beweis:

$a^2 = 4n^2$

$b^2 = n^4 - 2n^2 + 1$

$c^2 = n^4 + 2n^2 + 1$

$\Rightarrow a^2 + b^2 = c^2$

Beispiel für Berechnungsmethode 5

Für n = 3 folgt:

$a = 2 \cdot 3 = 6$

$b = 3^2 - 1 = 8$

$c = 3^2 + 1 = 10$

$\Rightarrow a^2 + b^2 = 6^2 + 8^2 = 100 = 10^2 = c^2$

In der nachfolgenden Tabelle habe ich einige mit der Methode 5 berechneten Tripel aufgeführt.

Tabelle 8

n	a	b	c
2	4	3	5
3	6	8	10
4	8	15	17
5	10	24	26
6	12	35	37
7	14	48	50
8	16	63	65
9	18	80	82
10	20	99	101
11	22	120	122
12	24	143	145
13	26	168	170
14	28	195	197
15	30	224	226
16	32	255	257
17	34	288	290
18	36	323	325
19	38	360	362
20	40	399	401
21	42	440	442
22	44	483	485
23	46	528	530
24	48	575	577
25	50	624	626

Trigonometrie I

Bisher haben wir nur mit den Längen der Seiten rechtwinkliger Dreiecke gerechnet. Wir können aber auch Winkel von Dreiecken berechnen. Wir werden zunächst wieder von rechtwinkligen Dreiecken ausgehen und unsere Überlegungen auf die Eigenschaften ähnlicher Dreiecke gründen.

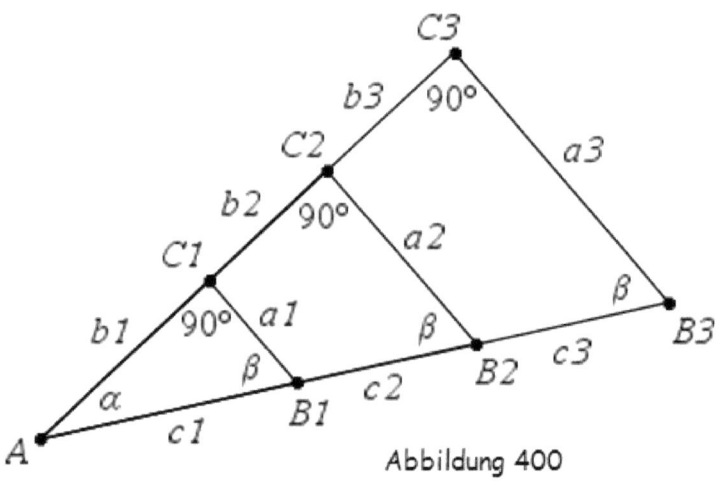

Abbildung 400

Abbildung 400 zeigt eine Strahlensatzfigur. Betrachten wir die Zeichnung in Abbildung 400 näher. Die Dreiecke **AB1C1**, **AB2C2** und **AB3C3** sind rechtwinklig und zueinander ähnlich, da sie in der Größe ihrer Winkel übereinstimmen. Daher gleichen sie sich aber auch in den Verhältnissen einander entsprechender Seiten. Es gelten also folgende Verhältnisgleichungen.

$$\frac{a1}{b1} = \frac{a2}{b2} = \frac{a3}{b3}; \frac{a1}{c1} = \frac{a2}{c2} = \frac{a3}{c3}; \frac{b1}{c1} = \frac{b2}{c2} = \frac{b3}{c3}$$

Trigonometrie II

Sehen wir uns nun jene Verhältnisgleichungen im Einzelnen an. Wir beginnen mit den Gleichungen

$$\frac{a1}{c1} = \frac{a2}{c2} = \frac{a3}{c3}.$$

Bezogen auf den Winkel *α* teilen wir jeweils die diesem Winkel *α* gegenüberliegende Kathete *a*, die sogenannte Gegenkathete, durch die Hypotenuse *c*. Der Wert dieses Bruches wird **Sinuswert des Winkels *α*** genannt.

Bezogen auf den Winkel *β* aber teilen wir die dem Winkel *β* anliegende Kathete *a*, die sogenannte Ankathete, durch die Hypotenuse *c*. Der Wert dieses Bruches wird **Kosinuswert des Winkels *β*** genannt.

Ja, du hast recht gelesen. Die Seite *a* ist sowohl Gegenkathete als auch Ankathete. Es kommt immer auf den Blickwinkel an, darauf also, auf welchen Winkel man sich gerade bezieht. Somit erweitern wir nun unsere Gleichungen entprechend:

$$\frac{a1}{c1} = \frac{a2}{c2} = \frac{a3}{c3} = \sin(\pmb{\alpha}) = \cos(\pmb{\beta})$$

Trigonometrie III

Für die nächste Gruppe von Gleichungen ergibt sich entsprechend unserer vorigen Überlegungen:

$$\frac{b1}{c1} = \frac{b2}{c2} = \frac{b3}{c3} = \sin(\beta) = \cos(\alpha)$$

Bezüglich α ist die Seite **b** die Ankathete.
Bezüglich β ist die Seite **b** die Gegenkathete.

Nun verbleibt noch eine Gruppe von Gleichungen, nämlich diese:

$$\frac{a1}{b1} = \frac{a2}{b2} = \frac{a3}{b3}$$

Hierbei teilen wir jeweils die Kathete **a** durch die Kathete **b**. Bezogen auf den Winkel α teilen wir also die Gegenkathete **a** durch die Ankathete **b**. Dieses Verhältnis nennen wir den **Tangenswert von α**.

$$\frac{a1}{b1} = \frac{a2}{b2} = \frac{a3}{b3} = \tan(\alpha)$$

Bezogen auf den Winkel β teilen wir aber die Ankathete **a** durch die Gegenkathete **b**. Dieses Verhältnis nennen wir den **Kotangenswert von β**.

$$\frac{a1}{b1} = \frac{a2}{b2} = \frac{a3}{b3} = \cot(\beta)$$

Trigonometrie IV

Insgesamt erhalten wir:

$$\frac{a1}{b1} = \frac{a2}{b2} = \frac{a3}{b3} = \tan(\alpha) = \cot(\beta)$$

Umgekehrt können wir freilich auch die Kathete **b** durch die Kathete **a** teilen, dann ergibt sich:

$$\frac{b1}{a1} = \frac{b2}{a2} = \frac{b3}{a3} = \tan(\beta) = \cot(\alpha)$$

Das Dreieck **ABC** in Abbildung 410 auf der nächsten Seite ist nicht rechtwinklig. Die Dreiecke **ACF** und **BCF** jedoch sind rechtwinklig. Auf diese können wir also unsere bisherigen Überlegungen anwenden, um zu weiteren Aussagen, die dann auch für beliebe Dreiecke gelten, zu gelangen.

Trigonometrie - Sinussatz

Für das Dreieck **AFC** gilt:

$$\sin(\alpha) = \frac{h}{b} \Rightarrow h = \sin(\alpha) \cdot b$$

Für das Dreieck **BCF** gilt:

$$\sin(\beta) = \frac{h}{a} \Rightarrow h = \sin(\beta) \cdot a$$

$$\Rightarrow h = \sin(\alpha) \cdot b = \sin(\beta) \cdot a = h$$

$$\Rightarrow \frac{\sin(\alpha)}{a} = \frac{\sin(\beta)}{b}$$

Da wir die Höhe **h** im Dreieck **ABC** auch auf den Seiten **a** und **b** hätten errichten können, folgt insgesamt die als Sinussatz bekannte Gruppe von Gleichungen für beliebige Dreiecke **ABC**:

$$\frac{\sin(\alpha)}{a} = \frac{\sin(\beta)}{b} = \frac{\sin(\gamma)}{c}$$

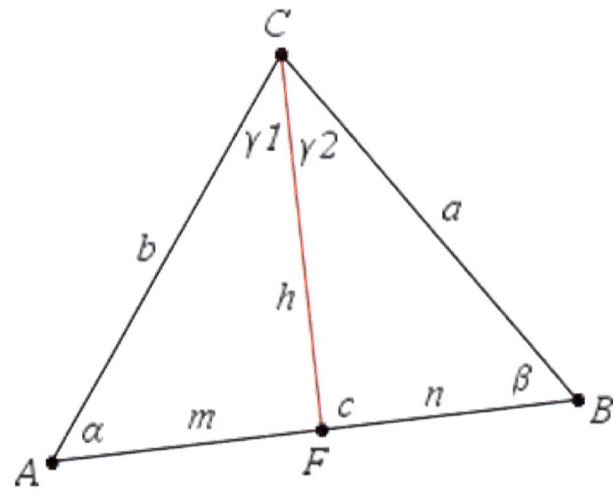

Abbildung 410

Trigonometrie - Kosinussatz

Neben dem Sinussatz existiert auch ein Kosinussatz. Diesen möchte ich nun mit dir herleiten.

Wir betrachten noch einmal das Dreieck **ABC** in Abbildung 410 und in diesem das rechtwinklige Dreieck **BCF**. Nach dem Satz des Pythagoras gilt für dieses Dreieck **BCF** die Gleichung:

$$a^2 = h^2 + n^2$$

$\Rightarrow a^2 = h^2 + (c - m)^2$

$\Rightarrow a^2 = h^2 + c^2 - 2cm + m^2$ (mit 2. Binomischer Formel)

$\Rightarrow a^2 = h^2 + c^2 - 2cm + b^2 - h^2$ (da **AFC** rechtwinklig)

$\Rightarrow a^2 = b^2 + c^2 - 2cm$

$\Rightarrow a^2 = b^2 + c^2 - 2bc \cdot \frac{m}{b}$

$\Rightarrow a^2 = b^2 + c^2 - 2bc \cdot \cos(\alpha)$

Da wir die Höhe **h** im Dreieck **ABC** auch auf den Seiten **a** und **b** hätten errichten können, folgt insgesamt die als Kosinussatz bekannte Gruppe von Gleichungen für beliebige Dreiecke **ABC**:

$$a^2 = b^2 + c^2 - 2bc \cdot \cos(\alpha)$$
$$b^2 = a^2 + c^2 - 2ac \cdot \cos(\beta)$$
$$c^2 = a^2 + b^2 - 2ab \cdot \cos(\gamma)$$

Trigonometrie - Kosinussatz und Satz des Pythagoras

Hier ergibt sich nun eine interessante Verbindung zwischen der Satzgruppe des Pythagoras und der Trigonometrie. Denn der Satz des Pythagoras stellt einen Spezialfall des Kosinussatzes dar. Der Satz des Pythagoras ist quasi der Kosinussatz für rechtwinklige Dreiecke.

In einem rechtwinkligen Dreieck mit γ = 90° gilt:
$c^2 = a^2 + b^2 - 2ab \cdot \cos(90°)$ [Kosinussatz]
$c^2 = a^2 + b^2$ [Satz des Pythagoras]

Dies liegt daran, weil cos(90°) = 0. Diese Tatsache werden wir in diesem Buch nicht beweisen.

Die enge Verwandtschaft der Satzgruppe des Pythagoras einerseits und der Trigonometrie andererseits sollte uns freilich nicht zu sehr überraschen. Denn wir haben bereits gesehen, dass beide Gebiete der Mathematik auf dem Konzept der Ähnlichkeit (von Dreiecken) gründen und aus diesem hervorgehen.

Sinussatz im rechtwinkligen Dreieck

Nun möchte ich zeigen, dass der Sinussatz auch für ein rechtwinkliges Dreieck gilt. Die folgenden Gleichungen beziehen sich auf das Dreieck **ABC** in Abbildung 420. Wir werden die Tatsache benutzen, dass sin(γ) = sin(90°) = 1 ist, ohne diese hier zu beweisen.

$$\sin(\alpha) = \frac{a}{c} \Rightarrow \frac{\sin(\alpha)}{a} = \frac{1}{c} \Rightarrow \frac{\sin(\alpha)}{a} = \frac{\sin(\gamma)}{c}$$

$$\sin(\beta) = \frac{b}{c} \Rightarrow \frac{\sin(\beta)}{b} = \frac{1}{c} \Rightarrow \frac{\sin(\beta)}{b} = \frac{\sin(\gamma)}{c}$$

$$\Rightarrow \frac{\sin(\alpha)}{a} = \frac{\sin(\beta)}{b} = \frac{\sin(\gamma)}{c}$$

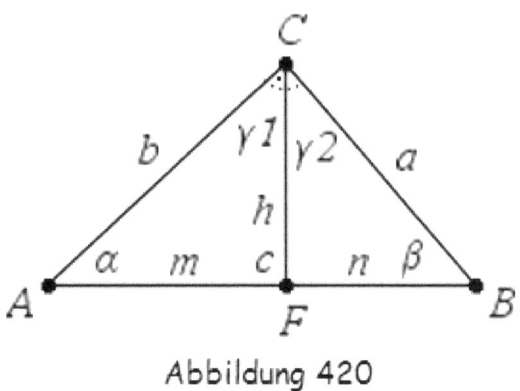

Abbildung 420

Nun möchte ich zeigen, dass auch der Kosinussatz für das rechtwinklige Dreieck **ABC** in Abbildung 420 gilt. Wir werden benutzen, dass die Dreiecke **AFC** und **BCF** ebenfalls rechtwinklig sind.

Kosinussatz im rechtwinkligen Dreieck

Nach Pythagoras (Satzgruppe) gilt:

$a^2 = c^2 - b^2$

$\Rightarrow a^2 = c^2 - bc \cdot \dfrac{b}{c}$

$\Rightarrow a^2 = c^2 + b^2 - b^2 - bc \cdot \cos(\alpha)$

$\Rightarrow a^2 = b^2 + c^2 - mc - bc \cdot \cos(\alpha)$

$\Rightarrow a^2 = b^2 + c^2 - b \cdot \cos(\alpha) \cdot c - bc \cdot \cos(\alpha)$

$\Rightarrow a^2 = b^2 + c^2 - bc \cdot \cos(\alpha) - bc \cdot \cos(\alpha)$

$\Rightarrow a^2 = b^2 + c^2 - 2bc \cdot \cos(\alpha)$

Entsprechend ergibt sich in Hinblick auf den Winkel β:

$\Rightarrow b^2 = a^2 + c^2 - 2ac \cdot \cos(\beta)$

Die Gleichung $c^2 = a^2 + b^2 - 2ab \cdot \cos(\gamma)$

aber ist äquivalent zur Aussage des Pythagoras, dass

$c^2 = a^2 + b^2$ wegen $\cos(90°) = 0$.

Sinussatz im stumpfwinkligen Dreieck

Der Sinussatz gilt auch für stumpfwinklige Dreiecke. Für diese ist der Beweis ein wenig anders zu führen. In der Zeichnung in Abbildung 430 sind die Dreiecke **ACF**, **BCF**, **AGB** und **BCG** rechtwinklig. Wir benutzen die Aussage sin(α) = sin(180° - α) für einen beliebigen Winkel α.

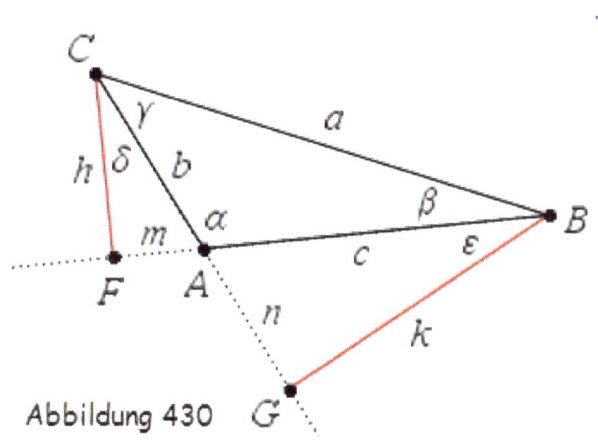

Abbildung 430

$$\sin(180° - \alpha) = \frac{h}{b} \text{ und } \sin(\beta) = \frac{h}{a}$$

$$\Rightarrow h = \sin(\alpha) \bullet b = \sin(\beta) \bullet a = h \Rightarrow \frac{\sin(\alpha)}{a} = \frac{\sin(\beta)}{b}$$

$$\sin(180° - \alpha) = \frac{k}{c} \text{ und } \sin(\gamma) = \frac{k}{a}$$

$$\Rightarrow k = \sin(\alpha) \bullet c = \sin(\gamma) \bullet a = k \Rightarrow \frac{\sin(\alpha)}{a} = \frac{\sin(\gamma)}{c}$$

$$\Rightarrow \frac{\sin(\alpha)}{a} = \frac{\sin(\beta)}{b} = \frac{\sin(\gamma)}{c}$$

Kosinussatz im stumpfwinkligen Dreieck

Den Beweis für die Gültigkeit des Kosinussatzes in stumpfwinkligen Dreiecken führe ich nun. Ich beziehe mich wieder auf das Dreieck in Abbildung 430.

Wir werden benutzen, dass $\cos(\alpha) = -\cos(180° - \alpha)$ gilt für einen beliebigen Winkel α.

$a^2 = (b + n)^2 + k^2$
$\Rightarrow a^2 = b^2 + 2bn + n^2 + k^2$
$\Rightarrow a^2 = b^2 + 2bc \cdot \frac{n}{c} + c^2$
$\Rightarrow a^2 = b^2 + c^2 + 2bc \cdot \cos(180° - \alpha)$
$\Rightarrow a^2 = b^2 + c^2 - 2bc \cdot \cos(\alpha)$

$b^2 = h^2 + m^2$
$\Rightarrow b^2 = a^2 - (c + m)^2 + m^2$
$\Rightarrow b^2 = a^2 - c^2 - 2cm - m^2 + m^2$
$\Rightarrow b^2 = a^2 - c^2 - 2cm + c^2 - c^2$
$\Rightarrow b^2 = a^2 + c^2 - 2cm - 2c^2$
$\Rightarrow b^2 = a^2 + c^2 - 2c \cdot (m + c)$
$\Rightarrow b^2 = a^2 + c^2 - 2ac \cdot \frac{m+c}{a}$
$\Rightarrow b^2 = a^2 + c^2 - 2ac \cdot \cos(\beta)$

Entsprechend führt der Ansatz
$c^2 = k^2 + n^2$ auf
$c^2 = a^2 + b^2 - 2ab \cdot \cos(\gamma)$.

Flächenberechnung von Dreiecken mit Sinuswerten

Der Flächeninhalt eines Dreiecks kann auch mit folgenden Gleichungen berechnet werden:

$$A = \frac{a \bullet b \bullet sin(\gamma)}{2} = \frac{a \bullet c \bullet sin(\beta)}{2} = \frac{b \bullet c \bullet sin(\alpha)}{2}$$

Der Flächeninhalt eines Dreiecks entspricht also der Hälfte des Produkts zweier Seiten und des Sinuswerts des von diesen Seiten eingeschlossenen Winkels.

Folgende Gleichungen werden verwendet, wenn alle Winkel und eine Seite des Dreiecks bekannt sind:

$$A = \frac{a^2 \bullet sin(\beta) \bullet sin(\gamma)}{2 \bullet sin(\alpha)} = \frac{b^2 \bullet sin(\alpha) \bullet sin(\gamma)}{2 \bullet sin(\beta)} = \frac{c^2 \bullet sin(\alpha) \bullet sin(\beta)}{2 \bullet sin(\gamma)}$$

Bezeichnet R den Radius des Umkreises eines beliebigen Dreiecks, so gilt:

$$R = \frac{a}{2 \bullet sin(\alpha)} = \frac{b}{2 \bullet sin(\beta)} = \frac{c}{2 \bullet sin(\gamma)}$$

Für den Flächeninhalt eines Dreiecks folgt damit eine Formel, die verwendet wird, wenn alle Winkel und der Radius des Umkreises des Dreiecks bekannt sind:

$$A = 2 \bullet R^2 \bullet sin(\alpha) \bullet sin(\beta) \bullet sin(\gamma)$$

Dreiecksfläche und Radien von Inkreis und Umkreis

Der Radius des Umkreises eines Dreiecks lässt sich so berechnen:

$$R = \frac{a}{2 \cdot sin(\alpha)} = \frac{b}{2 \cdot sin(\beta)} = \frac{c}{2 \cdot sin(\gamma)}$$

Der Radius des Inkreises eines Dreiecks lässt sich so berechnen:

$$r = 4 \cdot R \cdot sin\left(\frac{\alpha}{2}\right) \cdot sin\left(\frac{\beta}{2}\right) \cdot sin\left(\frac{\gamma}{2}\right)$$

Mit R und r sowie $s = \frac{a+b+c}{2}$ lässt sich nun die Fläche eines Dreiecks so berechnen:

$$A = \frac{abc}{4R} = rs$$

Diese Formeln können verwendet werden, wenn alle Seiten des Dreiecks und der Radius R des Umkreises des Dreiecks bzw. einer der Winkel oder alle Seiten des Dreiecks und der Radius r des Inkreises des Dreiecks bzw. alle Winkel bekannt sind.

Umfang eines Dreiecks

Der Umfang eines Dreiecks ergibt sich aus der Summe seiner Seiten.

$$u = a + b + c$$

Bei Kenntnis der Winkel und des Radius **R** des Umkreises des Dreiecks, kann folgende Formel verwendet werden:

$$u = 2R \cdot (\sin(\alpha) + \sin(\beta) + \sin(\gamma))$$

Denn es gilt:
$$a = 2R \cdot \sin(\alpha)$$
$$b = 2R \cdot \sin(\beta)$$
$$c = 2R \cdot \sin(\gamma)$$

Epilog

Wir sind am Ende unserer kleinen Reise in die Welt der Dreiecke angekommen. Gerne hätte ich an der einen oder anderen Stelle mehr Beispiele gebracht. Ich lasse mich aber von dem Gedanken leiten, dass Beispiele und Aufgaben ohnehin in den einschlägigen Schulbüchern reichlich vorhanden sind und daher hier nicht so sehr angeführt werden müssen. Daher belasse ich es für den Moment bei dem hier nun vorliegenden Umfang.

Der Schwerpunkt dieses Buches liegt doch eher auf der Herleitung und der Darstellung einiger Zusammenhänge der Elementargeometrie und deren Verknüpfung mit der Algebra. Inwieweit meine *Bamberger Matrix* sich als geeignet wird erweisen können, Rechnungen im Zusammenhang mit der Satzgruppe zu erleichtern, wird man abwarten müssen.

Mir persönlich hat die Arbeit an diesem Buch Freude bereitet. Ich habe ziemlich viel Zeit investiert und Sorgfalt walten lassen dieses Buch möglichst fehlerfrei zu erstellen.

Sollte dieses Buch dennoch Fehler enthalten, bin ich für Hinweise diesbezüglich dankbar. Natürlich freue ich mich aber auch über positive Rückmeldungen oder auch über Fragen zur Mathematik. Du erreichst mich über meine Seiten im Internet:

www.lerntraining-mathematik.de

Auf der letzten Seite des Buches möchte ich noch einige Worte verlieren über jene Mathematiker, die in diesem Buch bereits genannt worden sind. Sie haben mit ihrer Arbeit, ihren Erkenntnissen der Mathematik den Weg bereitet und ihre Entwicklung mitgetragen.

Thales von Milet, geb. im 7. Jahrhundert vor Christus, war griechischer Naturphilosoph. Er galt als einer der *sieben Weisen* der Antike. Als Kaufmann kam er mit ägyptischer und babylonischer Mathematik in Berührung. Der nach ihm benannte Satz des Thales war vor seiner Zeit bekannt. Seine Bedeutung für die Entwicklung der Mathematik mag darin liegen, dass er geometrische Sachverhalte zu verifizieren suchte.

Pythagoras von Samos ist als Person der Weltgeschichte nur schwer zu fassen. Im 6. Jahrhundert vor Christus gründete er einen philosophischen oder religiösen Geheimbund. Die Mathematik oder die Zahlen hatten für diesen Bund eine besondere Bedeutung. Pythagoras wird die Aussage zugeschrieben, die Zahl sei das Wesen und die Natur der Dinge.

Der Grieche Euklid von Alexandria lebte wohl im 4. Jahrhundert vor Christus. Er schrieb das einflussreichste Buch (13 Bände) der Mathematikgeschichte, die *Elemente*. Er stellte die damals bekannten Sätze der Mathematik auf ein neues Fundament, indem er alle Aussagen aus wenigen Axiomen logisch herzuleiten suchte.

Heron von Alexandria war ein griechischer Mathematiker und Erfinder. Seine Lebensdaten sind unsicher. Vermutlich lebte er im 1. Jahrhundert nach Christus. Im Gefolge Euklids reflektierte er über Definitionen und Sätze, war aber doch eher praktisch orientiert, indem er zahlreiche Flächen und Volumina maß und berechnete. Auch erfand er den für die Landvermessung bedeutsamen Theodoliten. Die nach ihm benannte Heronsche Dreiecksformel ist wahrscheinlich archimedischen Ursprungs.

Leonhard Euler war schweizerischer Mathematiker und Physiker. Er lebte im 18. Jahrhundert nach Christus. Er ist einer der produktivsten Gelehrten der Mathematikgeschichte. Neben naturwissenschaftlichen und philosophischen Werken verfasste er rund 900 Aufsätze und Bücher zur Mathematik.